ÖSTERREICHISCHE AKADEMIE DER WISSENSCHAFTEN
MATHEMATISCH-NATURWISSENSCHAFTLICHE KLASSE
DENKSCHRIFTEN, 116. BAND, 6. ABHANDLUNG

MENSO FOLKERTS

Die älteste mathematische Aufgabensammlung in lateinischer Sprache: Die Alkuin zugeschriebenen

PROPOSITIONES AD ACUENDOS IUVENES

Überlieferung, Inhalt, Kritische Edition

SPRINGER-VERLAG WIEN GMBH
1978

ISBN 978-3-662-24254-4   ISBN 978-3-662-26367-9 (eBook)
DOI 10.1007/978-3-662-26367-9

1. EINLEITUNG

Eine sehr reizvolle Aufgabe mathematikhistorischer Forschung besteht darin, die Geschichte bestimmter mathematischer Aufgabentypen und Lösungsmethoden zu erforschen. Es ist schon lange bekannt, daß oft dieselben Probleme zu verschiedenen Zeiten und in voneinander weit entfernten Kulturkreisen behandelt wurden. Dabei nimmt man an, daß manche Probleme des angewandten Rechnens Bestandteil der Literatur vieler Völker sind, ohne daß man eine gegenseitige Beeinflussung vermuten darf. Wenn allerdings eine Aufgabe mit denselben nicht zu einfachen Zahlenwerten in verschiedenen Quellen überliefert wird, muß man an eine Abhängigkeit denken. Es ist jedoch auch in diesen Fällen gegenwärtig noch nicht möglich, zu sicheren Erkenntnissen über den Weg eines Problems zu gelangen; dazu sind die kulturellen Beziehungen zwischen den Völkern zu komplex und in den Einzelheiten zu wenig geklärt. Gemeinsam mit Mathematikhistorikern müßten hier Vertreter anderer historischer Disziplinen wie Wirtschafts- und Sozialgeschichte, aber auch die Philologen mitarbeiten. Eine solche Arbeit könnte dazu beitragen, die kulturellen Leistungen der beteiligten Völker, die Gemeinsamkeiten, aber auch die Unterschiede ihrer wissenschaftlichen Entwicklung herauszuarbeiten und dabei insbesondere den europazentrischen Standpunkt zu überwinden, der immer noch viele wissenschaftshistorische Darstellungen beherrscht.

Als Vorarbeit für eine derart anspruchsvolle Untersuchung stellt sich dem Mathematikhistoriker zunächst die Aufgabe, die zahlreichen Sammlungen praktischer Mathematik zu untersuchen, festzustellen, wo das einzelne Problem oder die verwendete Methode sich erstmals findet, und — wenn möglich — Aussagen über Entstehung und Einfluß der betreffenden Sammlung zu machen. Gerade in den letzten Jahrzehnten sind hier neue Untersuchungen erschienen. So hat K. Vogel verschiedene wichtige Texte aus dem chinesischen[1]), byzantinischen[2]) und süddeutschen Raum[3]) ediert und zum Teil kommentiert, und sowjetische Gelehrte, insbesondere A. P. Juschkewitsch und B. A. Rosenfeld, haben in zahlreichen grundlegenden Arbeiten neue Erkenntnisse über die Leistungen der arabischen Mathematiker gewonnen und zusammenfassende Darstellungen über die Mathematik der Chinesen, Inder und Araber im Mittelalter vorgelegt[4]).

Der Erkenntnis, daß erst einmal Klarheit über die wesentlichen Sammlungen mathematischer Aufgaben bestehen muß, bevor eine endgültige Geschichte des angewandten Rechnens geschrieben werden kann, verdankt die vorliegende Arbeit ihre Entstehung. Sie beschäftigt sich mit der ältesten und vielleicht auch wichtigsten Sammlung der Unterhaltungsmathematik in lateinischer Sprache, nämlich mit den Alkuin zugeschriebenen *Propositiones ad acuendos iuvenes* (künftig abgekürzt als *Propositiones*). Da diese Schrift im Gegensatz zu anderen mehrfach ediert ist[5]) und in der wissenschaftlichen Literatur oft erwähnt wird,

---

[1]) Vogel (4).
[2]) Vogel (2), Vogel (3).
[3]) Vogel (1).
[4]) Vor allem A. P. Juschkewitsch/B. A. Rosenfeld, Die Mathematik der Länder des Ostens im Mittelalter, in: *Sowjetische Beiträge zur Geschichte der Naturwissenschaft*, Berlin 1960, S. 62–160; A. P. Juschkewitsch, *Geschichte der Mathematik im Mittelalter*, Leipzig 1964.
[5]) Seit 1563; siehe Seite 21 f.

bedarf es einer Begründung, warum gerade die *Propositiones* zum Thema einer Arbeit genommen werden.

Die maßgebliche Edition der *Propositiones*, die FORSTER 1777 veröffentlichte, benutzt, wie wir unten sehen werden, nur eine Handschrift, nämlich den bekannten Karlsruher Augiensis 205 von der Reichenau, der fast unverändert abgeschrieben wurde. Bei FORSTER und in späteren Arbeiten wird der Eindruck erweckt, als gebe es nur diesen Codex. Merkwürdigerweise hat in der Folgezeit keiner die Überlieferung dieser Schrift untersucht, sondern man betrachtete FORSTERS Ausgabe, die durch den Wiederabdruck in der *Patrologia Latina* leicht greifbar war[6]), gleichsam als maßgeblichen und endgültigen Text. Selbst in MAX MANITIUS' *Geschichte der lateinischen Literatur des Mittelalters* wird außer dem Augiensis nur noch die Handschrift *W* erwähnt[7]). Zu dieser unzulässigen Vereinfachung hat wohl die Tatsache geführt, daß M. CANTOR an verschiedenen Stellen[8]) ausführlich auf die *Propositiones* eingegangen ist und sich daher kein Mathematikhistoriker oder Philologe veranlaßt sah, selbständige Forschungen anzustellen. Ich kenne nur eine nicht in der Tradition CANTORS stehende Arbeit[9]), die aber von Historikern und Philologen kaum beachtet wurde, da sie an versteckter Stelle erschien[10]).

So gelten CANTORS Erörterungen noch immer als die maßgeblichen Aussagen zu den *Propositiones*. Dies ist bedauerlich, da CANTOR die Schrift nur nach FORSTERS Ausgabe und der Reichenauer Handschrift, die mit jener Edition fast identisch ist[11]), kannte und er nur darauf Wert legte, die Aufgaben zu römischen Texten, insbesondere zu den Agrimensoren, in Beziehung zu setzen. Daher wissen wir durch CANTORS Arbeiten zwar einiges über den Inhalt der Schrift, jedoch nur wenig über benutzte Vorbilder und nichts über die Entstehungsgeschichte des Traktats sowie die Einflüsse auf spätere Sammlungen der praktischen Mathematik.

Hieraus ergibt sich das bescheidene Ziel, das sich die vorliegende Arbeit gesetzt hat: Vor allem durch Untersuchung der erhaltenen Handschriften (Kapitel 2 und 3) soll etwas Licht in die Frage der Entstehung und Verbreitung der *Propositiones* gebracht werden (Kapitel 4 und 5). Hierbei wird auch die Verfasserfrage behandelt. Die Analyse der Texte, die in den verschiedenen Codices überliefert werden, wird auch zu neuen Aussagen in der Quellenfrage führen (Kapitel 6): Zumindest einige vom Autor verwertete Bausteine kristallisieren sich heraus. Das Kapitel 7 beschränkt sich darauf, die Problemgruppen zu nennen, die in den *Propositiones* behandelt werden. Dagegen war es aus den im Anfang genannten Gründen nicht möglich, die Wirkungsgeschichte dieser Schrift schon jetzt exakt zu beschreiben. Es steht zwar außer Zweifel, daß die *Propositiones* die mittelalterlichen Aufgabensammlungen in lateinischer Sprache und in den Nationalsprachen direkt oder indirekt stark beeinflußten[12]), doch ist es zu früh, gegenwärtig auf Einzelheiten einzugehen. Den umfangreichsten Teil der Arbeit bildet eine kritische Edition des lateinischen Textes, die alle Handschriften berücksichtigt.

---

[6]) Siehe Seite 22.

[7]) 1. Band, 1911 = München 1965, S. 286. Zur Handschrift *W* siehe Seite 18.

[8]) CANTOR (1), S. 286–288; CANTOR (2), S. 139–150; CANTOR (3), S. 834–839.

[9]) THIELE (1), S. 22–25.

[10]) Immerhin erwähnt D. E. SMITH (*History of mathematics*, Band 1, 1923 = New York 1958, S. 186f.) THIELES Theorie.

[11]) Siehe S. 22.

[12]) So etwa die Sammlungen der Klostermathematik, die Schriften LEONARDOS von Pisa und die Practica des *Algorismus Ratisbonensis*, wobei in den beiden letzten Fällen auch die kaufmännische Mathematik stark berücksichtigt ist. Siehe FOLKERTS (1); VOGEL (1); B. BONCOMPAGNI, *Scritti di Leonardo Pisano*, Rom 1857/62.

2. DIE HANDSCHRIFTEN UND DRUCKE

Nicht nur eine oder zwei Handschriften der *Propositiones* sind erhalten, sondern mindestens zwölf. Sie sollen im folgenden kurz charakterisiert werden, wobei jeweils Inhalt, Entstehungszeit und -ort und gedruckte Beschreibungen erwähnt werden. Die Reihenfolge ergibt sich aus dem Alter der Codices. Die Numerierung der *Propositiones* stimmt mit FORSTERS Ausgabe[13]) überein; die Nummern 11a, 11b und 33a bezeichnen diejenigen Zusätze, die in den BEDA-Ausgaben[14]) an den entsprechenden Stellen abgedruckt sind.

R_1 = VAT. REGIN. LAT. 309, f. 16rv. 3v—4r

Die Handschrift entstand vermutlich s. 9 ex. im Kloster St. Denis bei Paris; mit Sicherheit stammen die zahlreichen frühen Zusätze (s. 10/11) von dort. Spätere Besitzer: PAUL PETAU (M. 50), ALEXANDER PETAU (Nr. 397), CHRISTINE von Schweden (Nr. 499). Alle Einzelheiten sind in der sehr genauen Beschreibung von A. WILMART[15]) nachzulesen. Die Handschrift enthält u. a. BEDAS Schriften zur Zeitmessung, seine Chronik, Auszüge aus ISIDOR, MACROBIUS, MARTIANUS CAPELLA und ARATOS. Auf den vorher leeren Blättern 1v—2r, 16rv, 3v—4r wurden noch im 9. Jahrhundert zunächst Ps. BEDAS *De arithmeticis propositionibus* und dann unmittelbar anschließend Auszüge aus den *Propositiones ad acuendos iuvenes* nachgetragen. Es handelt sich um die Aufgaben 4, 5, 8, 11, 11a, 11b, 22—26, 32, 33a, 36, 40, 42, 48, 52, 49, 47, 45 und die Lösungen von Nr. 2, 5, 8, 11, 11a, 11b, 22—26, 32, 33a, 36, die eingeleitet werden durch die Überschrift *Proposi/ones* (!) *ad acuendos iuvenes*.

O = VAT. OTTOBON. LAT. 1473, f. 28r—35v

Die Handschrift besteht aus drei Teilen (f. 1—27: s. 14, f. 28—37: s. 10/11, f. 38—45: s. 14 in.). Beim ältesten Teil, der von nur einer Hand geschrieben wurde, deutet der Schriftcharakter auf westdeutschen oder ostfranzösischen Ursprung hin. Vorbesitzer: PAUL PETAU (P. 29), CHRISTINE von Schweden (1994), Kardinal P. OTTOBONI. Auf f. 28r befinden sich zwei kurze Texte über Längenmaße und die Umrechnung des Erdumfangs. Es folgen auf f. 28r—35v die *Propositiones* und anschließend (f. 35v. 37rv) Ps. BEDAS *De arithmeticis propositionibus*. Der Besitzvermerk auf f. 37v ist leider nicht mehr vollständig lesbar[16]). Die inscriptio der *Propositiones* lautet: *Incipiunt propositiones adecuendos* (!) *iuvenes*. Voraus gehen die Überschriften I—LVI; es folgen die Aufgaben 1—11, 11a, 11b, 12, 13[17]), 33a, 34—52, 14—33, 53 mit den Lösungen (außer zu 11, 11a, 11b), wobei sich diese unmittelbar an die Aufgaben anschließen.

A = KARLSRUHE, BADISCHE LANDESBIBLIOTHEK, AUGIENSIS 205, f. 54r—70r

Die Handschrift wurde Ende des 10. Jahrhunderts auf der Reichenau geschrieben und blieb dort, bis die dortigen Codices Anfang des 19. Jahrhunderts nach Karlsruhe geschafft wurden. Der Codex beginnt mit folgenden Texten: f. 1r—54r: ALKUIN, *Quaestiones in genesin*; f. 54r—70r: die *Propositiones*; f. 70rv: Scherzrätsel unter dem Titel *Enigmata rkskbklkb* (= *risibilia*). Es folgen Chroniken und Berichte, die die Reichenau betreffen, darunter auch

---

[13]) Siehe S. 22.

[14]) Siehe S. 21 f.

[15]) *Codices Reginenses Latini*, Band 2, Vatikan 1945, S. 160—174.

[16]) *Iste liber est sancti* ////.

[17]) In der Vorlage von O muß eine Blattversetzung stattgefunden haben: Auf f. 30r bricht der Text mitten in der Lösung zu Aufgabe 13 ab; es folgen die letzten beiden Worte der Lösung zu Aufgabe 33 *(modia XXX)* und dann auf f. 30r—33r die Aufgaben 33a, 34—52 bis zum Anfang der Lösung (*In prima subvectione:* Zeile 582 der Edition). Dann schließt sich unmittelbar das Ende der Lösung 13 an und die Aufgaben 14—33 mit Lösungen (bis f. 35v). Das Ende bildet die Aufgabe 53 mit Lösung (f. 35v). Die ursprüngliche Reihenfolge war also 13—33, 33a, 34—52; durch die Versetzung ist die Lösung der Aufgabe 52 bis auf die ersten drei Worte verlorengegangen.

PURCHARTS Gedicht über die Taten des Abts WITIGOWO, das zwischen 994 und 996 verfaßt wurde. Der Codex schließt mit *Expositiones in parabolas Salomonis* (f. 84 v—115 v) und *in Ecclesiasten* (f. 115 v—137 r). Die Abschrift der *Propositiones* stammt wohl aus demselben Jahrzehnt wie das Original der *Gesta Witigowonis*. In der Sekundärliteratur wird die Handschrift öfter erwähnt und i. a. als „der" Codex der *Propositiones* bezeichnet, so etwa in dem ausführlichen Bericht von MORITZ CANTOR[18]. Der Codex ist genau beschrieben von ALFRED HOLDER[19]. Die *Propositiones* beginnen im Anschluß an ALKUINS Genesiskommentar ohne besondere Überschrift mit den Worten *Incipiunt capitula propositionum ad acuendos invenes*. Es folgen die Überschriften der Aufgaben 1—52 und dann nach der inscriptio *Incipiunt propositiones ad acuendos iuvenes* die Aufgaben 1—53 mit den Lösungen unmittelbar nach der jeweiligen Aufgabe.

W = WIEN, ÖSTERREICHISCHE NATIONALBIBLIOTHEK, MS. LAT. 891, f. 4 v—27 v

Der Codex wurde ganz kurz nach 1000 in Süddeutschland, möglicherweise in Füssen, geschrieben[20]. Er gehörte dem Benediktinerkloster St. Mang, Füssen, an[21] und befand sich schon 1576 in der Wiener Hofbibliothek (alte Signatur: Philol. 425). Die Handschrift enthält auf f. 1 r—4 r die *Cena Cypriani*[22]. Es folgen auf f. 4 v—27 v die *Propositiones ad acuendos iuvenes* und auf f. 27 v—66 v Exzerpte aus ISIDOR und SOLIN. Zwei *Carmina de destructione Aquilegiae* mit einigen Anhängen beschließen die Handschrift. Sie ist kurz beschrieben in den *Tabulae*[23] sowie bei HERMANN[24] und ausführlicher bei ENDLICHER[25]. Die *Propositiones* tragen die Überschrift *Incipiunt propositiones ad exertitium acuendorum iuvenum*. Vorhanden sind die Aufgaben 1—10, 12—18, 21, 19, 20, 27, 28, 30—42, 44—49, 51—53 mit Lösungen, die jeweils direkt auf die Aufgaben folgen.

M₂ = MÜNCHEN, BAYERISCHE STAATSBIBLIOTHEK, Clm 14272, f. 181 v

Die meisten Texte der Handschrift wurden kurz nach 1000 vom Emmeramer Mönch HARTWIC während seines Aufenthaltes in Chartres gesammelt und hängen mit dem Unterricht FULBERTS (1007—1029) zusammen, bei dem HARTWIC lernte[26]. HARTWIC brachte die Texte bei seiner Rückkehr nach St. Emmeram mit. Der Codex (alte Signatur: Em. C 91) enthält überwiegend philosophische Schriften (u. a. BOETHIUS' Kommentar zu CICEROS *Topica*, seine *Introductio in cathegoricos syllogismos*) und Traktate zur Musik (u. a. von BOETHIUS und HUCBALDUS). Nach einer musikalischen Abhandlung hat HARTWIC auf f. 181 v Exzerpte aus den *Propositiones* eingetragen, und zwar die Aufgaben 1—4, 8 mit den jeweils folgenden

---

[18] CANTOR (2), S. 141—150.219.

[19] *Die Handschriften der Großherzoglich Badischen Hof- und Landesbibliothek in Karlsruhe. Band 5: Die Reichenauer Handschriften*, 1. Band, Leipzig 1906, S. 466—469.

[20] Briefliche Mitteilung von Prof. B. BISCHOFF, München. Nach HERMANN J. HERMANN, *Beschreibendes Verzeichnis der illuminierten Handschriften in Österreich. Neue Folge: Die illuminierten Handschriften und Inkunabeln der Nationalbibliothek in Wien, Band 1: Die frühmittelalterlichen Handschriften des Abendlandes*, Leipzig 1923, S. 206, entstand dieser Codex dagegen in der 2. Hälfte des 10. Jahrhunderts in der Diözese Aquileia. HERMANNS Vermutung beruht wohl darauf, daß der Codex auch ein Gedicht über die Geschichte Aquileias zur Zeit Kaiser Ludwigs enthält; vergleiche hierzu *MGH Poetae 2*, 150.

[21] Auf der Versoseite des vorderen Blattes befindet sich der Besitzvermerk von einer Hand des 15. Jahrhunderts: *Sancti Magni est confessoris*. P. RUF (*Mittelalterliche Bibliothekskataloge Deutschlands und der Schweiz*, 3. Band, München 1932/39) erwähnt auf S. 112—120 auch das Benediktinerkloster St. Mang in Füssen, ohne die Wiener Handschrift zu nennen.

[22] *MGH Poetae 4*, 872 ff.

[23] *Tabulae codicum manu scriptorum praeter Graecos et orientales in Bibliotheca Palatina Vindobonensi asservatorum*, Band 1—2, Wien 1864 = Graz 1965, S. 151.

[24] HERMANN[20], S. 206.

[25] STEPHAN ENDLICHER, *Catalogus codicum manuscriptorum Bibliothecae Palatinae Vindobonensis, pars I: Codices philologici Latini*, Wien 1836, S. 296—302 (dort unter Nr. CDXX).

[26] B. BISCHOFF, *Mittelalterliche Studien*, Band 2, Stuttgart 1967, S. 80 f.

Lösungen zu 1—4, alles ohne Überschriften. Die Handschrift ist beschrieben im Katalog der Münchner Handschriften[27]).

V = LEIDEN, BIBLIOTHEEK DER RIJKSUNIVERSITEIT, VOSS. LAT. OCT. 15, f. 203v—205v. 206v—210r

Der Codex wurde von ADEMAR von Chabannes (988—1034) und anderen Schreibern in den Jahren 1023—1025 im Kloster St. Martial zu Limoges geschrieben und verblieb nach ADEMARS Tod dort[28]). Spätere Besitzer: PAUL PETAU (H. 13), ALEXANDER PETAU (1028), Königin CHRISTINE von Schweden, ISAAK VOSS, GERARD VOSS. L. DELISLE geht neben anderen Handschriften des ADEMAR auch auf diese ein[29]). Der Codex enthält verschiedenartige Texte, darunter SYMPHOSIUS, AVIANS Fabeln, Gedichte aus der *Anthologia Latina* und Glossen zu römischen Dichtern, PRUDENTIUS' *Psychomachia*, zwei Werke PRISCIANS, HYGINS *Astronomica*[30]). Den letzten Teil der Handschrift (ab f. 195) schrieb ADEMAR selbst. Hier finden wir ÄSOPS Fabeln in lateinischer Übersetzung, an die sich ohne Trennung und Überschrift unmittelbar Teile von ALKUINS (?) *Propositiones* anschließen[31]), und zwar befinden sich auf f. 203v—205v. 206v—210r die Aufgaben 1—11[32]), 11a, 11b, 12—20, 22, 21, 23—33, 33a, 34—42, 44—53, 43 mit Lösungen (außer zu 11, 11a, 11b) direkt nach den Aufgaben. Der Text ist gegenüber der üblichen Fassung in vielen Kleinigkeiten überarbeitet.

B = LONDON, BRITISH MUSEUM, BURNEY 59, f. 7v—11r

Der Codex wurde s. 11[1] in Westdeutschland oder Ostfrankreich geschrieben; die Zuweisung nach St. Bénigne, Dijon, ist ungewiß[33]). Die Handschrift gehörte vielleicht der Sammlung des Grafen MCCARTHY-REAGH an[34]) und wurde im Jahre 1818 zusammen mit den übrigen Handschriften des CHARLES BURNEY († 1817) vom British Museum übernommen. Der Codex, von dem keine ausführliche gedruckte Beschreibung existiert[35]), enthält auf f. 2v—7v den Romulus-Text von ÄSOPS Fabeln *(recensio Gallicana)* und unmittelbar anschließend auf f. 7v—11v die *Propositiones.* Der BEDA zugeschriebene Traktat *De arithmeticis*

---

27) *Catalogus codicum manu scriptorum Bibliothecae Regiae Monacensis* IV, 2, München 1876, S. 152f.

28) Vermerk in der Handschrift auf f. 141v: *hic est liber sanctissimi domini nostri Marcialis Lemouicensis ex libris bonae memoriae ademari grammatici. Nam postquam idem multos annos peregit in domini seruicio ac simul in monachico ordine in eiusdem patris coenobio, profecturus hierusalem, ad sepulchrum domini nec inde reuersurus, multos libros in quibus sudauerat eidem suo pastori ac nutritori reliquid, ex quibus hic est unus.* Dieser Vermerk stammt aus dem 11. Jahrhundert.

29) Notice sur les manuscrits originaux d'Adémar de Chabannes, in: *Notices et Extraits des Manuscrits de la Bibliothèque Nationale*, 35, 1, Paris 1896, S. 241—358, vor allem S. 301—319.

30) Beschreibung der Handschrift durch K. A. DE MEYIER: *Bibliotheca Universitatis Leidensis, Codices manuscripti XV*: Codices Vossiani Latini 3, Leiden 1977, S. 31—40.

31) Die Fabeln und der Anfang der *Propositiones* (bis f. 205v) sind im Faksimile wiedergegeben bei THIELE (1). Man vergleiche auch THIELE (2), S. 154f.

32) Nach Aufgabe 2 ist das folgende sonst unbekannte Rätsel eingefügt: *Supra vivum sedebat mortuus. Risit inquit mortuus. mortuus est et (?) vivus. Quomodo hoc esse potest?* Zur Auflösung siehe THIELE (1), S. 62.

33) *Catalogue of Manuscripts in the British Museum*, New Series, Bd. 1, Teil 2: *The Burney Mss.*, London 1840, S. 21: *... quondam, ut liquet ex collatione editionis Gudianae, monachorum Benedictinorum Divionensium.* In Dijon befand sich tatsächlich eine lateinische AESOP-Handschrift (MONTFAUCON, *Bibliotheca Bibliothecarum Manuscriptorum*, Paris 1739, Band 2, S. 1284, erwähnt unter den Handschriften von St. Bénigne, Dijon: *Aesopi Fabularum Libri Quattuor*), und GUDIUS benutzte für seine AESOP-Ausgabe (1698) eine Handschrift von St. Bénigne, aber G. THIELE vermutete, daß Burney 59 nicht die von GUDIUS benutzte Handschrift aus Dijon, sondern eine Schwesterhandschrift ist (THIELE [2], S. CLXXXVI). Allerdings ist THIELES Argumentation nicht unbedingt zwingend, da er einzig und allein aus der Qualität der von GUDE angefertigten Abschrift (heute in Wolfenbüttel) Rückschlüsse zieht.

34) Der Einband von Burney 59 ähnelt sehr demjenigen von Egerton 3055, einer SUETON-Handschrift aus dem 12. Jahrhundert, die mit Sicherheit aus St. Bénigne stammt und MCCARTHY-REAGH gehörte. Beide Einbände sind relativ jung.

35) Erwähnt bei THIELE (2), S. CL f.

propositionibus[36]) beschließt die Handschrift (f. 11 rv). Die *Propositiones* beginnen mit *Incipiunt propositiones ad acuendos iuvenes* und enthalten den vollständigen Text in der Reihenfolge Nr. 1—11, 11a, 11b, 12—32, 33a, 34—53; Lösungen zu 1—10, 12—33, 33a, 34—53.

M = MONTPELLIER, BIBLIOTHÈQUE UNIVERSITAIRE, H. 491, f. 94r—108r

Der Codex entstand Anfang des 11. Jahrhunderts in Ostfrankreich. Spätere Besitzer: PIERRE PITHOU (1539—1596); Oratoire de Troyes. Die Handschrift ist (im großen und ganzen zutreffend) von N. BUBNOV beschrieben[37]). Sie enthält hauptsächlich Schriften zum Abakus und andere mathematische Traktate des Kreises um GERBERT († 1003). Nach einem musikalischen Text (BERNELINUS ?, *Commensuralitas fistularum et monochordi*, f. 81r—93v) folgen die *Propositiones* und Ps. BEDA, *De arithmeticis propositionibus*[36]) (f. 108r—110r). Daran schließen sich ohne Überschrift fünf interessante Texte über das Erraten von Zahlen, über vollkommene Zahlen und über das Josephspiel an. Die inscriptio der *Propositiones* lautet: *De coniecturis diligentibus oppositis*. Kapitelüberschriften fehlen. Die Aufgaben sind folgendermaßen angeordnet: Nr. 7—11, 11b, 11a, 12, 13, 15—19, 21—33, 33a, 35—48, 51—53, 1; Lösungen zu 1, 7—10, 12, 13, 16—19, 21—33, 33a, 34—49, 51—53. Offenbar eine Kopie von *M* oder einer Schwesterhandschrift ist der Codex Vat. lat. 4539 aus dem 17. Jahrhundert, der auf f. 72—83 die *Propositiones* in derselben Reihenfolge wie *M* enthält[38]).

R = VAT. REGIN. LAT. 208, f. 57v—61v

Der Codex stammt aus dem 11. Jahrhundert und gehörte nach einem Besitzvermerk auf f. 61v[39]) damals dem Kloster St. Mesmin bei Orléans an. Spätere Besitzer: PAUL PETAU (K. 20), ALEXANDER PETAU (1553), CHRISTINE von Schweden (1595). Die Handschrift, die von ANDRÉ WILMART ausführlich beschrieben ist[40]), enthält theologische Schriften des BOETHIUS, SERVIUS' *Centimeter*, AVIANS Fabeln und zwei Schriften des FULGENTIUS[41]). Daran schließen sich ohne inscriptio[42]) die *Propositiones* an (Nr. 1—10, 12—19, 21[43]), 20, 22—25), wobei die Lösungen direkt nach den Aufgaben folgen. Die weiteren Aufgaben standen vielleicht auf den letzten drei Blättern, die später abgeschnitten worden sind.

M₁ = MÜNCHEN, BAYERISCHE STAATSBIBLIOTHEK, CLM 14689, f. 13v—20r

Die Handschrift entstand im 12. Jahrhundert in Bayern[44]) und gelangte aus St. Emmeram nach München (Signatur: Em. G 73). Sie enthält neben metrologischen und einigen astronomischen Texten überwiegend Schriften zum Abakus und andere arithmetische Texte, die im Münchner Katalog[45]) und bei BUBNOV[46]) beschrieben sind. Nach einem musikalischen Fragment folgen auf f. 13rv Ps. BEDAS *De arithmeticis propositionibus* und dann die *Propositiones* unter dem Titel *Incipiunt propositiones ad acuendos iuvenes* in der Anordnung: Nr. 1—11, 11a, 11b, 12—32, 33a, 35, 33, 36, 34, 37—53; Lösungen zu 1—10, 12—33, 33a, 34—53 und fünf zusätzliche Lösungen[47]).

---

[36]) Siehe FOLKERTS (2).
[37]) BUBNOV, Einl. S. 39f.
[38]) BUBNOV, Einl. S. 79f.
[39]) *iste Liber est b. maximini (miciacensis) q(ui eum ab)s(tul)erit hanathema sit.*
[40]) *Codices Reginenses Latini*, Band 1, Vatikan 1937, S. 492—494.
[41]) *Mythologiae; Expositio Virgilianae continentiae moralis.*
[42]) Der Titel *De coniecturis diligentibus oppositis* (vgl. *M*) ist von einer späten Hand nachgetragen.
[43]) Vor Aufgabe 21 befindet sich in *R* ein Verweisungszeichen, das jedoch keine Entsprechung in der Handschrift hat.
[44]) Siehe BISCHOFF[26]), S. 94, Anm. 68.
[45]) *Catalogus . . .*[27]), S. 217f.
[46]) BUBNOV, Einl. S. 43—45.
[47]) Zu diesen für die Textgeschichte der *Propositiones* wichtigen Ergänzungen siehe S. 26—29.

C = London, British Museum, Cotton Iulius D. VII, f. 132r

Die Handschrift stammt aus der St. Albans Abbey[48]); Teile davon wurden von Matthew Paris († 1259) geschrieben. Vermutlich gehörte sie zur Wymondham Priory in Norfolk, einer Abteilung von St. Albans, und später Philip Howard, Earl of Arundel († 1595). Die Handschrift, die im Katalog der Cotton-Manuskripte recht summarisch beschrieben ist[49]), enthält auf f. 132r ohne gesonderte Überschrift die Aufgaben 1, 2, 4, 5, 16, 18, 32, 33, 36, 44, 45, 47 mitsamt den Lösungen, die stets unmittelbar folgen.

S = London, British Museum, Sloane 513, f. 43v—48r. 52r—56v

Der größte Teil der Handschrift (ab f. 11) wurde im 15. Jahrhundert von Richard Dove, Mönch in Bukfastleigh (Devon), geschrieben; später gehörte der Codex John Shaxton. Die Handschrift enthält über 40 Traktate überwiegend astronomischen, mathematischen und alchemistischen Inhalts, aber auch Abhandlungen über die Chiromantie und Bemerkungen zur französischen Sprache[50]). Den *Propositiones* geht ein sonst unbekannter Algorismus-Traktat voraus; es folgen auf f. 57v Rätsel in Versform, die an den Codex Cotton Cleop. B. IX, f. 10v, erinnern, und eine anonyme Abhandlung über die arabischen Ziffern. Innerhalb des Textes der *Propositiones* (zwischen den Aufgaben und den Lösungen) begegnen uns auf f. 48r—51v Aufgaben zur Unterhaltungsmathematik, die aus einer anderen Quelle stammen. Vorhanden sind von den *Propositiones* die Aufgaben 1—9, 12—24, 26—33, 33a, 34—53, 11, 11a, 11b und im Anschluß daran geschlossen die Lösungen (Nr. 1—10, 12—33, 33a, 34—44). Eine inscriptio fehlt.

Einzelne Aufgaben der *Propositiones* sind zusammen mit anderen Problemen der Unterhaltungsmathematik vorhanden in den beiden Handschriften London, British Museum, Cotton Cleopatra B. IX, f. 17v—21r (geschrieben um 1270 in der Abbotsbury Abbey, Dorset)[51]) und in Oxford, Bodleian Library, Digby 98, f. 34r—39v (15. Jahrhundert).

Editionen:

Die *Propositiones* wurden erstmals in der Beda-Ausgabe gedruckt, die 1563 bei Herwagen in Basel erschien[52]). Sie folgen dort im Kapitel mit der Überschrift *Beda de arithmeticis propositionibus* unmittelbar nach dem 4. Problem jener kleinen Schrift[36]) ohne besondere Trennung vom Vorhergehenden. Eingeleitet von der im Druck nicht besonders hervorgehobenen Überschrift *Incipiunt aliae propositiones ad acuendos iuvenes*, sind auf den Spalten 135—146 folgende Aufgaben abgedruckt: Nr. 1—11, 11a, 11b, 12—32, 33a, 35, 33, 36, 34, 37—53; Lösungen zu Nr. 1—10, 12—33, 33a, 34, 35 Anfang. Der Text endet am Fuß der Spalte 146 abrupt inmitten der Lösung zu Nr. 35; es folgt die lapidare Bemerkung *Reliquae solutiones desiderantur. Potest autem quisque ratione arithmetica Propositiones illas solvere. Ita ad exercendum ingenium, omissa valebunt.* Der Text ähnelt stark der Handschrift M_1, jedoch steht fest, daß Herwagen nicht diesen Codex direkt benutzte. Wieso Herwagen die Schrift unter die Werke des Beda einreihte, läßt sich heute nicht mehr ausmachen. Vermutlich gingen in der Druckvorlage (ebenso wie in M_1) die *De arithmeticis propositionibus* voraus, die man bei oberflächlicher Betrachtung dem Beda zuschreiben konnte[53]), und Herwagen vermutete, daß die anonymen *Propositiones* Teil derselben Schrift seien.

---

[48]) Siehe N. R. Ker, *Medieval libraries of Great Britain*, ²London 1964, S. 166.

[49]) *Catalogue of the manuscripts in the Cottonian Library*, London 1802, S. 15f.

[50]) Eine Beschreibung befindet sich im gedruckten, aber nicht publizierten *Catalogus librorum manuscriptorum bibliothecae Sloanianae* (1837—40; Exemplar im British Museum).

[51]) *Catalogue* . . .[49]), S. 578f.; Ker[48]), S. 1.

[52]) *Opera Bedae Venerabilis Presbyteri, Anglosaxonis: viri in divinis atque humanis literis exercitatissimi: omnia in octo Tomos distincta, prout statim post Praefationem suo Elencho enumerantur. Addito Rerum et Verborum Indice copiosissimo.* Basileae, per Ioannem Hervagium, Anno M. D. LXIII. Band 1, Spalte 135—146.

[53]) Siehe die Bemerkungen zur Verfasserfrage bei Folkerts (2), S. 35f.

Herwagen benutzte also für den Text der *Propositiones* eine mit Clm 14689 verwandte Handschrift und für Ps. Bedas *De arithmeticis propositionibus* einen Codex, der der ebenfalls aus St. Emmeram stammenden Handschrift Clm 14836 nahestand [54]. Da durch scharfsinnige Untersuchungen B. Bischoffs [55] feststeht, daß Herwagen für die Herstellung seiner Beda-Ausgabe auch sonst die Emmeramer Bibliothek ausbeutete, ist es sehr wahrscheinlich, daß im 16. Jahrhundert in St. Emmeram eine heute verlorene Handschrift vorhanden war, bei der ähnlich wie in BMM_1OR_1 die *Propositiones* und Ps. Bedas *De arithmeticis propositionibus* aufeinander folgten, wobei die Lesarten dieser Texte mit den beiden oben erwähnten erhaltenen Handschriften im großen und ganzen übereinstimmten. Dieser Codex wurde als Druckvorlage benutzt und ist heute wohl verschollen. Da somit die Entstehung der Herwagenschen Edition weitgehend geklärt ist, kann sie im folgenden vernachlässigt werden.

Die *Propositiones* wurden nach Herwagens Text noch zweimal gedruckt, und zwar in den Beda-Ausgaben von Friessem (1688) [56] und Migne (1844) [57].

Eine weitere Edition erschien 1777 durch Forster (Frobenius), Abt von St. Emmeram in Regensburg [58]. Dieser hat in seine Alkuin-Gesamtausgabe unter die *Opuscula dubia* auch die *Propositiones* aufgenommen [59]. Forster berichtet zwar im Vorwort zu den zweifelhaften Werken, er habe die Schrift einer Einsiedler Handschrift entnommen [60], doch scheint *Einsiedlensis* ein Versehen für *Augiensis* zu sein, da sich in Einsiedeln keine Handschrift der *Propositiones* nachweisen läßt und Forster unmittelbar vor Abdruck des Textes schreibt, er habe eine Abschrift der Reichenauer Handschrift erhalten [61]. Tatsächlich beruht Forsters Edition auf der Handschrift *A*, die dieser mit der Ausgabe der *Propositiones* in Bedas Werken [52] verglich. Forster sagt (S. 440), er habe Lücken der Handschrift mit Hilfe der Beda-Ausgabe ergänzt und dies im Text durch eckige Klammern angegeben. Einige Varianten der Handschrift und der Beda-Edition sowie wenige Erläuterungen hat Forster zusätzlich als Fußnoten aufgenommen. Es nimmt wunder, daß Forster keine der beiden Handschriften benutzte, die sich zu seiner Zeit in St. Emmeram befanden (M_1 und M_2; siehe S. 20. 18f.).

Forsters Ausgabe wurde mit dessen Bemerkungen von Migne als Bestandteil von Alkuins Werken wiederabgedruckt [62]. Beide Editionen unterscheiden sich praktisch nicht.

3. DER WERT DER EINZELNEN HANDSCHRIFTEN

Die Beschreibung der Handschriften zeigt, daß Zahl und Abfolge der Aufgaben von Codex zu Codex stark variieren. Bevor man hieraus Folgerungen zieht, muß man auf die Qualität der einzelnen Handschriften eingehen. Die folgenden Beobachtungen beruhen auf

---

[54] Folkerts (2), S. 29.

[55] Zur Kritik der Heerwagenschen Ausgabe von Bedas Werken (Basel 1563), in: *Mittelalterliche Studien*, Band 1, Stuttgart 1966, S. 112—117.

[56] *Venerabilis Bedae Presbyteri Anglo-Saxonis viri sua aetate doctissimi opera quotquot reperiri potuerunt omnia Hac ultima impressione ornatius in lucem edita.* Coloniae Agrippinae, Sumptibus Ioannis Wilhelmi Friessem, Anno MDCLXXXVIII, Band 1, Spalte 102—110.

[57] *Patrologia Latina* 90 (1844), Sp. 667—676.

[58] (Frobenius) Forster lebte von 1709 bis 1791. Siehe ADB 7, 163, und NDB 5, 302f. Der Name Frobenius wurde ihm wohl erst im Orden verliehen.

[59] *Beati Flacci Albini seu Alcuini abbatis, Caroli Magni regis ac imperatoris, magistri opera. Post primam editionem, a viro clarissimo D. Andrea Quercetano curatam, de novo collecta, multis locis emendata, et opusculis primum repertis plurimum aucta, variisque modis illustrata cura ac studio Frobenii, S. R. I. principis et abbatis ad S. Emmeramum Ratisbonae. Tomi secundi volumen secundum.* S. Emmerami, M.DCC.LXXVII. Seite 440—448.

[60] S. 369: *Tertio recensemus Propositiones ad acuendos juvenes, ad fidem Cod. Ms. Illustrissimi Monasterii Einsiedlensis.*

[61] S. 440: *Extat vero sub nomine Alcuini in pervetusto Codice MS. Monasterii Augiae Divitis, unde descriptum ad nos pervenit.*

[62] *Patrologia Latina* 101 (1851), Sp. 1143—1160.

einer vollständigen Kollation aller Handschriften[63]). A vor einer Zahl bedeutet: Aufgabe, L vor einer Zahl: Lösung der Aufgabe. Die Numerierung stimmt mit derjenigen in der kritischen Edition überein. Auch die Zeilenzählung bezieht sich auf diese Ausgabe.

HANDSCHRIFT A: Bei genauer Betrachtung findet man so viele Sonderfehler, daß eine Bevorzugung dieser Handschrift keineswegs gerechtfertigt ist. Die wichtigsten sind längere Lücken in L 28 und A 53, die bewußte Auslassung von A 11a, A 11b, A 33a, L 33a sowie die zusätzliche Lösung L 11. Andrerseits hat A den Text einigermaßen treu kopiert.

HANDSCHRIFT B: Der Schreiber von B gibt seine Vorlage offenbar noch getreuer wieder. Absichtliche Änderungen sind nicht festzustellen. Allerdings wurden aus Unachtsamkeit an mehreren Stellen längere Abschnitte ausgelassen (z. B. L 2, A 23, L 27, A 28, L 29, A 30, A 35, L 36, L 37, L 47, L 52).

HANDSCHRIFT C: Trotz des kurzen Textes weist C eine Menge Fehler auf. Auffällig sind vor allem die Lücken in L 16, L 32, L 33, L 36. Einige Versehen, die C und S gemeinsam enthalten, deuten auf eine Verwandtschaft dieser beiden Handschriften hin.

HANDSCHRIFT M: Der Schreiber geht recht eigenwillig mit dem Text um: Ganze Aufgaben bzw. Lösungen weichen von dem herkömmlichen Text ab (A 1, L 1, L 13, L 41, L 42, L 44, L 49); dazu kommen die üblichen Versehen (etwa die Lücken in L 12, L 24).

HANDSCHRIFT M_2: Wegen des kurzen Textes ist eine eindeutige Einordnung nicht möglich. Vermutlich ist M_2 mit M_1 verwandt.

HANDSCHRIFT O: Dieser Codex bietet eine der besten Kopien, deren Wert durch mehrere längere Auslassungen (in L 17, A 23, L 23, L 24, L 32, A 52) nur unwesentlich beeinträchtigt wird. Änderungen sind nicht festzustellen. Der Text ist durch Blattversetzung der Vorlage etwas in Unordnung geraten[17]).

HANDSCHRIFT V: ADEMAR hat, ähnlich wie beim Äsop-Text, auch die *Propositiones* außerordentlich frei bearbeitet[64]), wobei er in diesem Teil den Text wohl nicht kontaminiert hat. Aus diesem Grunde ist die Handschrift V, die nicht der Gruppe M_1RR_1S nahesteht, für die Konstitution des Textes nicht wichtig.

HANDSCHRIFT W: Dieser Codex ist außerordentlich sorgfältig geschrieben. Sonderfehler sind kaum vorhanden[65]). Im großen und ganzen stimmt der Text gut mit AO überein.

HANDSCHRIFTEN M_1RR_1S: Diese Handschriften repräsentieren eine von den übrigen Codices teilweise abweichende Textrezension (siehe Kapitel 4 und 5). Dabei sind die älteren, aber unvollständigen Handschriften R_1R den vollständigeren jüngeren Codices M_1S vorzuziehen. M_1, der nur wenige Sonderfehler aufweist (etwa Lücken in L 17 und A 31), wurde durchgehend nach einer mit ABO verwandten Handschrift verbessert (M_1^1). R hat einen längeren Text der Lösungen L9 und L10 und weist Lücken (in L19 und A23) und eigene Konjekturen (z. B. in L 21) auf. R_1, dessen Text im übrigen der beste dieser Gruppe ist, zeichnet sich durch zusätzliche Lösungen zu 11, 11a, 11b sowie durch die bewußte Auslassung der Aufgabe 33 aus[66]). S schließlich weicht in vielen Kleinigkeiten vom üblichen Text ab. Sein Schreiber bricht bei den Lösungen mitten in L 44 ab und schreibt statt des Schlusses nur: *etc.*

Die Kollation der Handschriften ergibt also, daß kein Codex Abschrift eines erhaltenen anderen ist. Der Text der üblichen Fassung (Rezension I) wird am zuverlässigsten durch die Handschriften $ABOW$ wiedergegeben. Eine Gruppe von Handschriften (M_1RR_1S) weicht an zahlreichen Stellen stark von der Rezension I ab. Diese im folgenden als Rezension II bezeichnete Fassung ist zu großen Teilen nur durch die relativ junge Handschrift M_1 vertreten, da die älteren Codices RR_1 einen fragmentarischen Text aufweisen.

---

[63]) Ausgenommen ist der Codex V, von dem nur Stichproben genommen werden konnten, da die Schrift auf dem Mikrofilm, der mir zur Verfügung stand, oft kaum lesbar ist.

[64]) Über ADEMARS Arbeitsweise siehe THIELE (2), S. CLXXXI–CLXXXV.

[65]) Ausgenommen Lücken Z. 124, 125, 130f., 296, 585f.

[66]) Nach A 32 fügt R_1 hinzu: *sic et de XXX.*

4. FOLGERUNGEN FÜR DEN TEXT DER PROPOSITIONES

Stellen wir einmal die in den einzelnen Handschriften vorhandenen Probleme in einer Übersicht zusammen, wobei A wieder „Aufgabe", L „Lösung" bezeichnet:

R_1 (s. 9 ex.): A 4, 5, 8, 11, 11a, 11b, 22—26, 32, 33a, 36, 40, 42, 48, 52, 49, 47, 45; L 2, 5, 8, 11, 11a, 11b, 22—26, 32, 33a, 36

O (ca. 1000): Überschriften; A+L 1—11, 11a, 11b, 12, 13, 33a, 34—52, 14—33, 53 (keine Lösungen zu 11, 11a, 11b)

A (ca. 1000): Überschriften; A+L 1—53

W (ca. 1010): A+L 1—10, 12—18, 21, 19, 20, 27, 28, 30—42, 44—49, 51—53

M_2 (ca. 1020): A+L 1—4, A 8

V (ca. 1025): A+L 1—11, 11a, 11b, 12—20, 22, 21, 23—33, 33a, 34—42, 44—53, 43 (keine Lösungen zu 11, 11a, 11b)

B (s. 11¹): A 1—11, 11a, 11b, 12—32, 33a, 34—53; L 1—10, 12—33, 33a, 34—53

M (s. 11¹): A 7—11, 11b, 11a, 12, 13, 15—19, 21—33, 33a, 35—48, 51—53, 1; L 1, 7—10, 12, 13, 16—19, 21—33, 33a, 34—49, 51—53

R (s. 11): A+L 1—10, 12—19, 21, 20, 22—25

M_1 (s. 12): A 1—11, 11a, 11b, 12—32, 33a, 35, 33, 36, 34, 37—53; L 1—10, 12—33, 33a, 34—53

C (ca. 1250): A+L 1, 2, 4, 5, 16, 18, 32, 33, 36, 44, 45, 47

S (s. 15): A 1—9, 12—24, 26—33, 33a, 34—53, 11, 11a, 11b; L 1—10, 12—33, 33a, 34—44.

Man sieht, daß Auswahl und Reihenfolge der Aufgaben stark voneinander abweichen. In manchen Codices folgt die Lösung stets unmittelbar auf die jeweilige Aufgabe (in ACM_2 $ORVW$), in anderen stehen alle geschlossen am Schluß nach den Aufgaben (in BMM_1R_1S). Vermutlich ist die erste Anordnung die ursprüngliche, da sie von der Mehrzahl der besseren Codices vertreten wird. Ob im Original wie in den Handschriften A und O vor den Aufgaben die Überschriften aller Probleme in einem Block zusammengefaßt waren, ist ungewiß, allerdings nicht sehr wahrscheinlich.

Die Zusammenstellung zeigt, daß auch Anzahl und Anordnung der Aufgaben divergieren. Einige Handschriften enthalten nur wenige Aufgaben (CM_2RR_1). Mehrere Schreiber, darunter auch der Kopist der ältesten Handschrift R_1, verkürzten offenbar bewußt vollständigere Vorlagen: Bisweilen wurden Lösungen von einigen Aufgaben abgeschrieben, die überhaupt nicht in der Handschrift vorhanden waren[67]). Oft stimmt die Reihenfolge der Aufgaben nicht mit derjenigen der Lösungen überein, oder einzelne Lösungen fehlen[68]). Hierbei handelt es sich offenbar um individuelle Eigenheiten der Handschriften, da dieselbe Verkürzung oder Umordnung nicht in verschiedenen Codices anzutreffen ist. Sieht man von diesen Besonderheiten ab, so zeigen die erhaltenen Handschriften, daß folgende Reihenfolge mit großer Wahrscheinlichkeit die ursprüngliche ist: Aufgaben 1—11, 11a, 11b, 12—33, 33a, 34—53 mit Lösungen (außer zu 11, 11a, 11b)[69]).

Es hat sich also herausgestellt, daß die Zahl der Aufgaben in den gedruckten ALKUIN-Ausgaben nicht mit dem ursprünglichen Bestand übereinstimmt: Drei Aufgaben (11a, 11b, 33a) und eine Lösung (zu 33a) sind einzufügen, dafür ist eine Lösung (zu 11) zu streichen. Schon hieraus folgt die Notwendigkeit einer kritischen Ausgabe, die alle Handschriften berücksichtigt. Mehr noch: Abgesehen von diesen besonders gravierenden Ergänzungen bzw. Streichungen, gibt es ungefähr 300 Stellen, an denen die herkömmlichen gedruckten Texte der *Propositiones* aufgrund der handschriftlichen Lesarten geändert werden müssen.

---

[67]) In B: L33; in M: L34, L49; in R_1: L2; in S: L10, L25.

[68]) In M: L15; in M_2: L8; in R_1: Lösungen 4, 40, 42, 48, 52, 49, 47, 45; in S: Lösungen 45—53.

[69]) Zu A11 gibt es nur in A und R_1 Lösungen, zu 11a und 11b nur in R_1. Da die Lösungen in A und R_1 abweichen und inhaltlich wenig zufriedenstellen, handelt es sich um Erfindungen der Kopisten.

5. DIE BEIDEN REZENSIONEN I UND II

Eine wesentliche Frage ist freilich noch zu klären: Wir haben bereits erwähnt, daß die Handschriften zwei Redaktionen der *Propositiones* verkörpern, die sich allerdings nur bei bestimmten Aufgaben stark voneinander unterscheiden. Es wird nötig sein, diese beiden Fassungen gegeneinander abzugrenzen. Hierbei ergibt sich eine gewisse Schwierigkeit dadurch, daß die besseren Handschriften der Rezension II nur Auszüge aus den *Propositiones* aufweisen.

Es gibt acht Stellen, an denen die Handschriften M_1RR_1S (oder wenigstens M_1S, wenn RR_1 diesen Text nicht aufweisen) stärker von der Lesart der übrigen Codices abweichen:

1. Am Ende von L 17 haben M_1RS (R_1 fehlt) den Satz: *Tali igitur sicque sollicitante studio facta est navigatio nullo fuscante inquinationis contagio*, während es in den übrigen Handschriften heißt: *Et fieret expleta transvectio nullo maculante contagio*. Beide Formulierungen sind möglich.

2. Die Lösung 20 endet in M_1RS (R_1 fehlt) mit den Worten *expleta salubris transvectio nullo formidante mortis naufragio*, während überall sonst die Worte *salubris* und *mortis* fehlen. Auch hier erscheint der Satz also etwas aufgebläht.

3. Wesentlicher sind die Unterschiede bei der Lösung 24. Dabei geht es darum, die ermittelte Fläche von 270 *perticae* in *aripenni* zu verwandeln (1 *aripennus* = Fläche eines Quadrats mit der Seitenlänge 12 *perticae*, also 144 Flächeneinheiten der Länge 1 *pertica*). Statt nun $270 : 144 = 1\frac{1}{2}$ *(aripenni)* $+ 54$ *(perticae)* zu rechnen, wie es bei derselben Aufgabe in der mit GERBERT verbundenen, aber sicherlich früheren anonymen Geometrie (in Zukunft zitiert als: *Geometria incerti auctoris*)[70]) geschieht[71]), wird in den *Propositiones* folgendermaßen vorgegangen:
Handschriften *ABMO*:
   . . . fiunt CCLXX. Fac exinde bis XII, id est, divide CCLXX per duodecimam: fiunt XXII et semis. Atque iterum XXII et semis per duodecimam divide partem: fit aripennus unus et perticae X ac dimidia.
Die Handschriften M_1RR_1S haben denselben Text bis *partem* und dann folgendes:
   Et fiunt II et remanent IIII, quae est tertia pars (de) XII. Sunt ergo aripenni in hoc numero II et tertia pars de aripenno tertio. Der Schlußsatz *fit . . . dimidia* fehlt in RR_1, nicht aber in M_1; S hat ihn verändert in: *fit aripennus unus et per terciam XII*. M_1^1 hat über *et fiunt duo et remanent IIII* hinzugefügt: *vel fit aripennus unus et pertice X ac dimidia*, also auch hier den ursprünglichen Text nach einer mit *ABO* verwandten Handschrift korrigiert.

   In der Version I (Handschriften *ABMO*) wird also zum Zweck der Umrechnung nicht gleich durch 144 geteilt, sondern zweimal durch 12:
$270 : 12 = 22\frac{1}{2}$; $22\frac{1}{2} : 12 = 1$ *(aripennus)* $+ 10\frac{1}{2}$ *(perticae)*.
Bei der zweiten Division wird nicht berücksichtigt, daß es sich um Flächeneinheiten handelt, so daß der Rest falsch ist.

   Noch konfuser ist die Rechnung in der Version II (Handschriften M_1RR_1S). Offenbar wird hier gerechnet: $22\frac{1}{2} = 22 + 6$ (die Hälfte von 12) $= 28$, $28 : 12 = 2\frac{1}{3}$ *(aripenni)*. M_1 und S kennen vermutlich den Text der Version I, den M_1 wörtlich übernimmt und damit die Widersprüche noch vergrößert, während S — erfolglos — versucht, den Unsinn zu heilen. Diese Stelle wirft ein bezeichnendes Licht auf die Arbeitsweise der Schreiber von M_1 und S; gleichzeitig erkennt man, daß hier die Version I weniger schlecht als die Version II ist.

---

[70]) Zu dieser Geometrie, die vor GERBERT entstand, aber lange Zeit als Teil seiner Geometrie galt, siehe S. 39. Sie ist ediert von BUBNOV, S. 310—365.
[71]) IV 33 = S. 354, 1—8 BUBNOV.

26

4. In Aufgabe 28 heißt es in der Rezension I folgendermaßen:
volo enim ibidem aedificia domorum construere. Die Handschriften M_1S, die hier als einzige
die Rezension II repräsentieren, schreiben stattdessen: *volo, ut fiat ibi domorum constructio.*

5. Bei der Lösung derselben Aufgabe ist es erforderlich, festzustellen, wie oft 20 in 100 und
10 in 45 enthalten ist. Dies wird folgendermaßen ausgedrückt:
    Rezension I (*A* fehlt): *itaque in C quinquies XX et in XL quater X sunt.*
    Rezension II (nur M_1S): *duc XX. partem de C, fiunt V. Et pars decima quadragenarii*
IV sunt.
    Beide Formulierungen sind gleichermaßen möglich. Man sollte bemerken, daß die-
selbe Aufgabe mit denselben Zahlen und ähnlichen Worten auch in der *Geometria incerti
auctoris* vorhanden ist[72]). Dort heißt es ähnlich wie in der Rezension II: . . . *duc vigesimam
de C, fiunt V, et decimam de XL, fient IV.*

6. Am Schluß der Aufgabe 31 haben M_1S (RR_1 fehlen) den Zusatz:
et unaquaeque cupa habeat pedes VII. Diese Ergänzung wiederholt nur einen fast gleich-
lautenden Satz zuvor und ist daher überflüssig.

7. In Aufgabe 46 wird ein Spaziergänger überfallen. Man stiehlt ihm die Börse und teilt den
Betrag unter sich gleichmäßig auf. Jeder bekommt 50 *solidi* von den 2 *talenti.* Gefragt
wird nach der Anzahl der Personen. Dieser einfache Sachverhalt wird von den Handschriften der Rezension II (M_1S; RR_1 fehlen) klar ausgedrückt:
*Ipsi vero irruentes diripuerunt sacculum, et tulit sibi quisque solidos quinquaginta. Dicat qui vult,
quot homines fuerunt.* Die übrigen Codices fügen nach *quinquaginta* folgenden Satz ein:
Et ipse postquam vidit se resistere non posse, misit manum et rapuit solidos quinquaginta.
Durch diese schon aus Gründen der Logik nicht sehr wahrscheinliche Ergänzung
wird der Sachverhalt unnötig kompliziert. Die Lösung geht von der einfacheren Aussage
der Rezension II aus. Es handelt sich hier also nicht um das versehentliche Auslassen eines
Satzes, wie man zunächst annehmen würde[73]), sondern entweder ist in der Rezension II
der ursprünglich längere Text, wie ihn die Rezension I aufweist, sinnvoll verkürzt worden, oder der Text der Rezension II ist der ursprüngliche, und in der Rezension I hat man
aus irgendwelchen Gründen einen Satz sehr ungeschickt eingefügt.

8. Der Text der Aufgabe 52 weicht in den beiden Fassungen stark voneinander ab:
    Rezension I:
*Quidam paterfamilias iussit XC modia frumenti de una domo sua ad alteram deportari, quae
distabat leuvas XXX, ea vero ratione, ut uno camelo totum illud frumentum deportaretur in tribus
subvectionibus et in unaquaque subvectione XXX modia portarentur, camelus vero in unaquaque
leuva comedat modium unum. Dicat, qui velit, quot modii residui fuissent.*
    Rezension II (nach M_1R_1S; *R* fehlt):
*Quidam paterfamilias habebat de una domo sua ad alteram domum leugas XXX et habens
camelum, qui debebat in tribus subvectionibus ex una domo sua ad alteram de annona ferre modia
XC et in unaquaque leuga isdem camelus comedebat semper modium I. Dicat, qui valet, quot
modia residua fuerunt.*
    Beide Formulierungen geben das Problem richtig wieder. Vielleicht ist die kürzere
Fassung der Rezension II vorzuziehen, da im längeren Text zumindest der triviale Zusatz *et in unaquaque subvectione XXX modia portarentur* fehlen könnte.

Um zu klären, wie sich beide Rezensionen zueinander verhalten, muß man noch fünf
weitere Stellen betrachten, die sich von den erwähnten dadurch unterscheiden, daß die Handschrift *S* hier nicht mehr den abweichenden Text der Rezension II vertritt, sondern mit den

---

[72]) IV 36 = S. 354, 30—355, 8 Bubnov.
[73]) Zwei aufeinanderfolgende Sätze enden mit demselben Wort: *quinquaginta.*

übrigen Codices übereinstimmt[74]). Es handelt sich um die Lösungen zu den Aufgaben 22, 25, 29, 30, 31. Diese Probleme gehören zur Gruppe der geometrischen Aufgaben; sie betreffen Flächenverwandlungen und werden ebenfalls in der *Geometria incerti auctoris* behandelt[75]). In den *Propositiones* stimmt der Text der Aufgaben in beiden Rezensionen überein, die Beweise jedoch unterscheiden sich grundsätzlich voneinander. Die Aufgaben werden in der Rezension II nicht einheitlich überliefert: Die beiden ersten Lösungen stehen in M_1RR_1 (in M_1 zusätzlich zur üblichen Fassung am Ende der Lösungen); die letzten drei Lösungen sind in R und R_1 nicht mehr vorhanden, jedoch in M_1, dort wiederum als Zusatz am Schluß. Es sprechen gewichtige Gründe dafür, daß alle fünf abweichenden Lösungen der Rezension II angehören[76]). Im folgenden sollen die Unterschiede der beiden Fassungen bei diesen fünf Aufgaben besprochen werden. Dabei wird es bisweilen nützlich sein, die Lösungsverfahren in der *Geometria incerti auctoris* mit heranzuziehen.

Aufgabe 22:

Es soll die Fläche eines schrägen (viereckigen) Feldes mit folgenden Maßen bestimmt werden: Länge 100 *perticae*, Breite oben und unten: 50 *perticae*, in der Mitte: 60 *perticae*. In beiden Rezensionen wird ähnlich gerechnet: Man multipliziert die Länge (100) mit der gemittelten Breite $\frac{1}{3} \cdot (50 + 50 + 60) = 53$ und erhält als Fläche 5300 *perticae*[77]). Bei der Verwandlung der *perticae* in *aripenni* wird auch hier[78]) nicht gleich durch 144, sondern zweimal durch 12 dividiert, wobei die Reste vernachlässigt werden: $\frac{5300}{12} = 441, \frac{441}{12} = 37$ (*aripenni*). Das Verfahren in den *Propositiones* weicht von dem in der *Geometria incerti auctoris* ab[79]).

Aufgabe 25:

Wie groß ist die Fläche eines kreisförmigen Ackers mit dem Umfang $U = 400$ *perticae*? Die in der Tradition der römischen Agrimensoren stehenden Mathematiker des frühen Mittelalters lösten dieses Problem üblicherweise, indem sie zunächst den Durchmesser d bestimmten $\left(d = \frac{1}{3}\left(U - \frac{U}{22} \right) \right)$ und dann $F = \frac{d}{2} \cdot \frac{U}{2}$ berechneten[80]). Genauso wird in

---

[74]) Hieraus lassen sich keine weiterreichenden Schlüsse ziehen, da S oft frei den Text bearbeitete und vermutlich mehrere Vorlagen benutzte.

[75]) Zu dieser Problemgruppe vergleiche die Bemerkungen im Kapitel 7 (S. 39—41).

[76]) In M_1 stehen also an den „richtigen" Stellen die üblichen Lösungen zu 22, 25, 29, 30, 31 und zusätzlich geschlossen am Schluß die abweichenden Lösungen jener fünf Aufgaben. Daß M_1 beide Arten der Lösungen aufweist, ist nicht verwunderlich, da M_1 zwar der Rezension II angehört, aber auch eine Vorlage der Rezension I benutzte (siehe S. 23). Wie aus der Übereinstimmung in M_1RR_1 folgt, entsprechen die zusätzlichen Lösungen zu 22 und 25 der Rezension II. Daß dies auch für die übrigen drei zusätzlichen Lösungen zutrifft, ist sehr wahrscheinlich, da sie in M_1 gemeinsam mit den beiden anderen am Schluß stehen und die Art der Lösung in L25 und L29 übereinstimmt.

[77]) In der Rezension II wird überflüssigerweise auch das Mittel aus den beiden gleichen Längen gebildet: $\frac{1}{2} (100 + 100) = 100$. Hier schwebte wohl die uralte Rechtecksformel $F = \frac{a + c}{2} \cdot \frac{b + d}{2}$ vor, die mechanisch angewandt wurde.

[78]) Man vergleiche dasselbe Verfahren in Aufgabe 24; siehe S. 25.

[79]) IV 31 = S. 352, 22—353, 19 Bubnov: Dort rechnet man $\frac{50 + 60}{2} \cdot 100 = 5500$ (*perticae*) $= 38$ (*aripenni*) $+ 28$ (*perticae*). Ein zweites Verfahren wird als „Probe" angegeben: Fläche des Ackers $=$ Rechteck $+ 2$ aufgesetzte gleichschenklige Dreiecke $= 50 \cdot 100 + 2 \cdot \frac{100 \cdot 5}{2} = 5500$ (*perticae*).

[80]) So etwa Varro (?): Bubnov 496, 4—6; Epaphroditus und Vitruvius Rufus: Bubnov 546, 10—14 (= § 31); *Geometria incerti auctoris*: Bubnov 346, 9—16 (= IV 18); Adelbold, *Epistula ad Gerbertum*: Bubnov 304, 17—305, 3.

der *Geometria incerti auctoris* IV 34 (S. 354,9—17 Bubnov) verfahren. Hier soll ein Acker des Umfangs $U = 418$ bestimmt werden, und es begegnen uns die Zahlen:

$$U - \frac{U}{22} = 399, \quad 399 : 3 = 133 = d, \quad \frac{d}{2} \cdot \frac{U}{2} = 66\tfrac{1}{2} \cdot 209 = F.$$

Ganz anders rechnet man in den *Propositiones*, Rezension I:

$$\frac{U}{4} = 100, \quad 100 \cdot 100 = 10\,000 \ (perticae) = 69 \ (aripenni), \text{ da } 10\,000 : 12 = 833 \text{ und } 833 : 12 =$$

$= 69$ ist. Hier wird also die Fläche eines Kreises mit demjenigen Quadrat gleichgesetzt, dessen Seite gleich dem Viertelumfang des Kreises ist. Diese Methode der Flächenberechnung, die auch in dem Agrimensoren-Text *De iugeribus metiundis* überliefert wird, ist von A. J. E. M. Smeur analysiert worden[81]. In der Rezension II geht man wiederum ganz anders vor:

$$\text{Man rechnet } \frac{U}{4} = 100, \quad \frac{U}{3} = 133, \quad 100 : 2 = 50, \quad 133 : 2 = 66, \quad 50 \cdot 66 = 3151[82], \quad 3151 : 12 =$$

$= 280$, $280 : 12 = 24$, $24 \cdot 4 = 96$ *(aripenni)*. Sieht man einmal von den beiden Divisionen durch 12 ab, die notwendig werden, sobald man *perticae* in *aripenni* umrechnet, so wird hier

also gerechnet: $F = \dfrac{U}{4 \cdot 2} \cdot \dfrac{U}{3 \cdot 2} \cdot 4$. Diese überraschend komplizierte Formel ist mir aus der abendländischen Mathematik des frühen Mittelalters sonst nicht bekannt; möglicherweise beruht sie auf der Vorstellung, das Verhältnis von Kreisumfang und Durchmesser

sei gleich 3. Dann würde sie wegen $d = \dfrac{U}{3}$ der obigen Formel $F = \dfrac{U}{2} \cdot \dfrac{d}{2} = \dfrac{U}{4} \cdot d = \dfrac{U^2}{12}$

entsprechen, die auch bei den Ägyptern und Babyloniern[83] sowie im alten China belegt ist[84]. Warum allerdings zunächst zweimal durch 2 dividiert und am Schluß wieder mit 4 multipliziert wird, ist kaum einzusehen[85].

Aufgabe 29:

Wie viele rechteckige Häuser (30 × 20 Fuß) passen in eine runde Stadt des Umfangs $U = 8000$ *pedes?*

In der Rezension I wird der Kreis durch ein umfanggleiches Rechteck ersetzt, dessen Seiten sich wie 3 : 2 verhalten (analog zu den Maßen der Häuser). Man erhält $8000 = 4800 + 3200$, also die Seitenlängen 2400 und 1600 Fuß. Da eine Hauslänge $2400 : 30 = 80$mal in das große Rechteck und die Hausbreite ebenfalls $1600 : 20 = 80$mal in die Breite hineinpassen, gibt es insgesamt $80 \cdot 80 = 6400$ Häuser.

In der Rezension II wird der Kreis nicht in ein Rechteck umgeformt, sondern man berechnet nach demselben ungewöhnlichen Verfahren wie in Aufgabe 25 die Fläche und dann durch Division und anschließende Multiplikation die Zahl der Häuser:
$8000 : 4 = 2000$, $8000 : 3 = 2666$; $2000 : 2 = 1000$, $2666 : 2 = 1333$; $1333 : 30 \ \langle = 44$, $1000 : 20 = 50$; $44 \cdot 50 \rangle = 2200$; $2200 \cdot 4 = 8800$[86]. Dieses Verfahren stimmt im Gedanken mit der *Geometria incerti auctoris* überein (IV 37 = S. 355, 8—16 Bubnov): Hier wird

---

[81] On the value equivalent to π in ancient mathematical texts. A new interpretation, in: *Archive for history of exact sciences* 6 (1970) 249—270, vor allem 249—251. Smeur weist nach, daß Cantors Schluß, der Autor habe $\pi = 4$ angenommen, nicht zulässig ist.

[82] Versehen für 3300.

[83] O. Neugebauer, *Vorlesungen über Geschichte der antiken mathematischen Wissenschaften*, Band 1, Berlin 1934, S. 126.167f.

[84] Vogel (4), S. 47.122f.

[85] Man beachte, daß die Zwischenergebnisse 133 und 66 auch in der *Geometria incerti auctoris* vorkommen, obwohl der Ausgangswert des Umfangs verschieden ist.

[86] Die in spitzen Klammern stehenden Rechnungen wurden ergänzt: Die einzige Handschrift M_1 weist hier ein Lücke auf.

nach der bei Aufgabe 25 besprochenen Methode zunächst d bestimmt, dann $F = \dfrac{d}{2} \cdot \dfrac{U}{2}$ und schließlich $F : (20 \cdot 30) =$ Zahl der Häuser.

Aufgabe 30:

Eine mit Ziegelsteinen gepflasterte Basilika hat die Maße 240 × 120 *pedes;* ein Stein mißt $1\frac{1}{4}\frac{1}{2}$ × 1 *pedes* = 23 × 12 *unciae.* Wie viele Steine braucht man?

Auch hier divergieren die Verfahren: In Rezension I berechnet man, wie viele Steinlängen bzw. -breiten auf den Boden passen, findet $240 : 1\frac{1}{4}\frac{1}{2} = 126$ bzw. 120 und erhält als Ergebnis $120 \cdot 126 = 15120$. In Rezension II dagegen werden Länge und Breite der Basilika in *unciae* verwandelt ($12 \cdot 240 = 2880$, $12 \cdot 120 = 1440$); dann dividiert man durch Längen- und Breitenzahl der Steine, wobei allerdings andere Zahlen gewählt werden: 15 × 8 statt 23 × 12 *unciae.* Schließlich werden die Verhältniszahlen 180 und 192 multipliziert, und es ergibt sich die Zahl 34560. — Auch diese Aufgabe ist in der *Geometria incerti auctoris* vorhanden (IV 38 = S. 355, 17—27 BUBNOV). Hier wird zunächst die Fläche der Basilika (in *unciae*) bestimmt und dann durch die Fläche eines Steins (12 × 23) dividiert.

Alle drei Verfahren sind richtig und in sich schlüssig. Unklar bleibt, warum die Handschriften der Rezension II die Zahlen änderten[87]).

Aufgabe 31:

In einem rechteckigen Keller (100 × 64 *pedes*) sind Fässer aufgestellt, die einen Platz von 7 × 4 *pedes* einnehmen. Wie viele passen hinein, wenn ein Weg von 4 Fuß freibleiben soll?

In der Rezension I und auch in der *Geometria incerti auctoris* (IV 39 = S. 355, 28—356,8 BUBNOV) nimmt man offenbar an, daß nur ein Gang parallel zur Längsseite freibleibt, und rechnet daher $100 : 7 = 14$, $(64 - 4) : 4 = 15$, $15 \cdot 14 = 210$ (Fässer). Ganz anders in der Rezension II. Hier gibt es offenbar zwischen zwei Breitreihen je einen Gang und zusätzlich zwei an der Breitwand, wobei die Breite des Ganges im Gegensatz zur gestellten Aufgabe mit 3 *pedes* angenommen wird. Außerdem liegt die längere Seite der Fässer (7 *pedes*) parallel zur Breitseite des Kellers. Dann ergeben sich wegen $64 \approx 63 = 6 \cdot 7 + 7 \cdot 3$ sechs Reihen und sieben Gänge. An der Längsseite stehen jeweils $100 : 4 = 25$ Fässer. Insgesamt sind also $25 \cdot 6 = 150$ Fässer vorhanden. Diese eigenwillige Deutung ist grundsätzlich von der anderen Fassung verschieden.

Versucht man, die Eigenheiten der beiden Versionen aufgrund dieser Stellen herauszuarbeiten, so fällt auf, daß bei diesen Aufgaben das Verfahren der Rezension I überall der Rezension II vorzuziehen ist. Die Rezension II ist in sich uneinheitlich, die Methoden sind unnötig kompliziert (Aufgaben 22, 25), die Zahlen in den Lösungen weichen von den gegebenen ab (Aufgaben 30, 31). Demgegenüber sind die Lösungsverfahren in der Rezension I klarer dargestellt und einheitlicher. Sie stimmen im allgemeinen besser mit denjenigen der *Geometria incerti auctoris* überein, deren Methoden im übrigen die besten Ergebnisse liefern. Es hat den Anschein, als ob die abweichenden Beweise der Rezension II auf das Konto eines oder mehrerer Bearbeiter gehen, die ohne jegliche Systematik unterschiedliche Verfahren benutzten, die gegebenen Zahlen veränderten und kaum Wert auf große Genauigkeit legten.

Zum Schluß sollen noch die beiden unterschiedlichen Lösungen der Aufgaben 9 und 10 in der Handschrift R erwähnt werden. Sie dürfen nicht ohne weiteres der Rezension II zugerechnet werden, da sie weder in S noch im Anhang zu M_1, sondern nur in R überliefert werden[88]). Bei beiden Aufgaben soll ein rechteckiges Stoffstück in kleinere Rechtecke

---

[87]) Da in der Rezension II die Zahlenwerte in den Lösungen zu Aufgabe 30 und 31 von denjenigen im Text der Aufgaben abweichen, könnte man vermuten, daß auch der Aufgabentext in dieser Rezension ursprünglich vom *textus communis* abwich und später durch diesen ersetzt wurde. Daß diese Hypothese weitreichende Konsequenzen für die Entstehungsgeschichte der *Propositiones* hat, ist klar.

[88]) In R_1 fehlen die Aufgaben 9 und 10.

geteilt werden (Maße: Aufgabe 9: 100 × 80 in 5 × 4, Aufgabe 10: 60 × 40 in 6 × 4). Hier ist der Text in R der üblichen Fassung vorzuziehen[89]): In R wird, nachdem man wie in Aufgabe 22 die gleichen Rechteckseiten unnötig gemittelt hat, festgestellt, wie oft die kleineren Seiten in den entsprechenden größeren enthalten sind; das Produkt der Verhältniszahlen liefert das richtige Ergebnis. Ganz anders die Lösungen in den übrigen Handschriften: In Aufgabe 9 findet man die Rechnungen $400 : 80 = 5$, $400 : 100 = 4$, also (!) $80 \cdot 5 = = 100 \cdot 4 = 400 = x$; in Aufgabe 10: $60 : 10 = 6$, $40 : 10 = 4$, also $10 \cdot 10 = 100 = x$. Beide Rechnungen sind kurz, aber trotz des richtigen Ergebnisses unklar. Aus den oben genannten Gründen hat es aber den Anschein, als ob die bessere Lösung in R nicht der Rezension II zuzuschreiben ist, so daß die negative Einschätzung dieser Fassung nicht revidiert werden muß.

6. MUTMASSUNGEN ÜBER DIE ENTSTEHUNG DER SCHRIFT; IHRE QUELLEN

Wie man aus der Beschreibung der Handschriften (Kapitel 2) ersieht, wird in keinem Codex ein Verfasser der *Propositiones* genannt. Wir sind also gezwungen, nach anderen Ansatzpunkten zu suchen, um den Autor oder wenigstens Entstehungsort und -zeit zu ermitteln.

Die meisten Handschriften lassen sich einigermaßen genau datieren und lokalisieren: R_1: s. 9 ex. St. Denis (Paris); O: um 1000 Westdeutschland/Ostfrankreich; A: um 1000 Reichenau; W: um 1010 Süddeutschland (Füssen?); M_2: um 1020 Chartres/St. Emmeram; V: um 1025 St. Martial (Limoges); B: s. 11¹ Westdeutschland/Ostfrankreich; M: s. 11¹ Ostfrankreich; R: s. 11 St. Mesmin (Orléans); M_1: s. 12 St. Emmeram; C: um 1250 St. Albans; S: s. 15 Bukfastleigh (Devon). Alle älteren Handschriften stammen also aus (Ost/Nord-)Frankreich bzw. (West/Süd-)Deutschland, und die Handschriften belegen, daß unsere Schrift im 10./11. Jahrhundert in diesem Raum recht verbreitet war. Eine inhaltliche Besonderheit stützt diese Feststellung noch: Man hat schon lange bemerkt[90]), daß in den Rechenrätseln das gallische Wegemaß, die *leuga (leuva)*, benutzt wird. Da dies in den Handschriften einheitlich an zwei Stellen geschieht (A 1, A 52), muß man an französische Einflüsse denken.

Es scheint also, als ob die Schrift in ihrer jetzigen Gestalt in Frankreich entstand. Als *terminus ante quem* ergibt sich das ausgehende 9. Jahrhundert, da die älteste Handschrift (R_1) damals geschrieben wurde. Der bewußt verkürzte Text in R_1 (siehe Seite 24) setzt zwar schon eine gewisse Tradition voraus, andrerseits wird man die Entstehung der Schrift nicht viel weiter zurückverlegen, da man nicht plausibel erklären könnte, warum die *Propositiones* zunächst kaum und dann im 10./11. Jahrhundert so oft abgeschrieben worden wären. So entstammt das Werk vermutlich dem 9. Jahrhundert.

Durch die Untersuchung der Handschriften werden die *Propositiones* also in die Zeit der karolingischen Renaissance gerückt. Ein weiteres Indiz weist in Richtung auf den karolingischen Kaiserhof: In zwei Aufgaben (A 39, A 52) werden Kamele erwähnt, die von einem orientalischen Händler gekauft werden. Man weiß, daß in dieser frühen Zeit Beziehungen zwischen den Höfen der Kalifen und Karolinger bestanden[91]). Somit gewinnt die aufgrund der handschriftlichen Überlieferung nicht zu belegende Vermutung[92]), ALKUIN sei der Verfasser dieser Schrift, wieder an Wahrscheinlichkeit.

Wir wollen einmal der Frage nachgehen, ob sich positive Gründe für die Autorschaft des ALKUIN finden lassen. ALKUIN liebte Rätselfragen, die er etwa in seinen Gedichten[93]) oder

---

[89]) Beide Texte sind im kritischen Apparat wiedergegeben.
[90]) THIELE (2), S. CLXIII.
[91]) VOGEL (5), S. 2f. (deutsch) = S. 250f. (russisch).
[92]) Keine der Handschriften nennt einen Autor.
[93]) MANITIUS⁷), S. 278.

in der *Disputatio Pippini cum Albino scholastico*[94]) stellte, und besaß großes Interesse für die Mathematik und ihre Anwendungen[95]). In einem Brief aus dem Jahre 800 an KARL teilt ALKUIN mit, er schicke ihm arithmetische Scherzfragen, und bittet ihn, diese dem EINHART mitzuteilen[96]). Es ist gut möglich, allerdings nicht sicher zu beweisen, daß mit diesen *figurae arithmeticae subtilitatis* unsere *Propositiones* gemeint sind.

Unter den erhaltenen und sicher ALKUIN zuzuschreibenden Texten gibt es keinen, der die Mathematik im engeren Sinne betrifft. Wenn bisweilen eine *Arithmetica Alcuini* genannt wird, so handelt es sich vermutlich um ein untergeschobenes Werk, das vielleicht im Zusammenhang steht mit einem Text desjenigen Anhangs, den in frühkarolingischer Zeit ein Gelehrter, kaum ALKUIN selbst, im Bestreben, verschiedene Materialien zu den Artes zu vereinigen, einer Handschrift der Alkuinschen Dialoge einfügte und die in den Drucken zwischen die Rhetorik und die Dialektik ALKUINS eingeschoben wurde[97]).

Wie steht es nun mit Erwähnungen in alten Katalogen? Aus mittelalterlichen Bibliothekskatalogen sind mir drei Stellen bekannt, an denen mathematische Schriften unter ALKUINS Namen genannt werden:

1. In einem Katalog der Bibliothèque de la Cathédrale du Puy aus dem 11. Jahrhundert wird unter den *Dialectice libri* auch folgender Codex genannt:

34. *Post, liber Augustini de magistro, cum quo Alcuinus de dialectica, rethorica, musica, arimetica, geometria, astronomia.*[98])

Schon DELISLE bemerkte, daß diese Handschrift mit Paris, BN lat. 2974 (s. 9) identisch ist. Dieser Pariser Codex enthält tatsächlich auf f. 50—70 unter der Überschrift *Incipit liber Albini dialecticus dialocus.* ALKUINS *Liber dialecticus*[99]), nicht aber Schriften zum Quadrivium. Wenn die Erwähnung im alten Katalog also genau und die Identifikation gesichert ist, so muß die Pariser Handschrift unvollständig sein[100]).

---

[94]) MANITIUS[7]), S. 284.

[95]) MANITIUS[7]), S. 285; CANTOR (3), S. 834f.

[96]) *Misi . . . et aliquas figuras arithmeticae subtilitatis laetitiae causa:* Ep. 172, ediert von E. DÜMMLER, *MGH Epp.* 4 (1895), S. 285, 8.

[97]) In der *Patrologia Latina* 101 steht *De rhetorica* auf Sp. 919—946, *De dialectica* auf Sp. 951—976. Über den Anhang, der eine Anzahl von Schemata mit Erläuterung enthält (Sp. 945—950), und seine Bedeutung für die Einteilung der Artes im Mittelalter siehe B. BISCHOFF, Eine verschollene Einteilung der Wissenschaften, in: *Mittelalterliche Studien*, Band 1, Stuttgart 1966, S. 273—288, vor allem S. 275f. und S. 286f. — Auch im Codex Wien 2269 befindet sich eine *Arithmetica Alcuini.* Dieser Codex enthält nach der Beschreibung in den *Tabulae . . .*[23]), Band 2, Wien 1868, S. 44f. folgende Schriften ALKUINS: f. 1r—3v *Dialectica*, 3v—6v *Rhetorica*, 7rv *Arithmetica*, 7v *Musica*, 8v *Astrologia.* Bei der Astrologie handelt es sich gemäß dem Incipit (*Duo sunt extremi vertices*) um ARATOS oder HYGINUS: THORNDIKE/KIBRE, *A catalogue of incipits . . .*, Sp. 473. Die Musikabhandlung beginnt mit *Octo tonos in musica consistere musicus scire debet* (Expl.: *superiorum*). Dieser Text, der ALKUIN zugeschrieben wird (siehe J. SMITS VAN WAESBERGHE, The theory of music from the Carolingian era up to 1400, vol. I = *Répertoire international des sources musicales* 3, 1, München/Duisburg 1961, S. 40f.), ist ediert bei M. GERBERT, *Scriptores ecclesiastici de musica*, Sankt Blasien 1783, Bd. 1, S. 26. Die auf vier Spalten befindliche *Arithmetica Albini* M. beginnt auf f. 7r mit *Mathematica dicitur latine doctrinalis scientia, quae abstractam considerat quantitatem* (Expl.: *omnes infiniti sunt*). Es handelt sich hierbei um ISIDOR, *Etymologiae* III 1—9. Am oberen Rand von fol. 7v steht rechts noch *Geometria Albini*, aber die folgenden fünf Spalten (bis f. 8v) sind leer geblieben. Diese Handschrift, die bisher allgemein ins 13. Jahrhundert datiert wurde, entstand schon in der 1. Hälfte des 11. Jahrhunderts in Frankreich (siehe B. BISCHOFF, Literarisches und künstlerisches Leben in St. Emmeram [Regensburg] während des frühen und hohen Mittelalters, in: *Mittelalterliche Studien*, Band 2, Stuttgart 1967, S. 81, Anm. 26).

[98]) L. DELISLE, *Le cabinet des manuscrits de la Bibliothèque Nationale*, Band 2, Paris 1874 = Amsterdam 1969, S. 444.

[99]) Ediert in PL 101, Sp. 951—976. Zu diesem Werk siehe MANITIUS[7]), S. 283f. Die Pariser Handschrift ist beschrieben in *Bibliothèque Nationale, Catalogue général des manuscrits latins*, Bd. 3, Paris 1952, S. 354f.

[100]) Man könnte vermuten, daß der oben erwähnte Anhang mit dem Text über die Artes oder eine Sammlung von Schriften ähnlich wie in Wien 2269 (siehe Anm. 97) fehlt.

2. Von den Buchbeständen des Benediktinerklosters der Christ Church, Canterbury, ließ der Prior HENRY OF EASTRY (1284—1331) einen Katalog anfertigen, der im British Museum, Cotton, Galba E IV (um 1300) erhalten ist[101]). Hier wird eine Sammelhandschrift[102]) folgendermaßen beschrieben:

Compilaciones Ieronimi. In hoc vol. cont.: Sententie Prosperi. Liber constructionum. Libellus Benedicti monachi de compoto. Libellus eiusdem de Augmento et decremento Lune. Albinus de arismetrica. Tractatus de Iohanne presbitero rege Indie. Tractatus de accentu. De Rethorica, libri ii. Huguncio de declinacionibus. Tractatus de Barbarismo et ceteris viciis artis gramatice. Tractatus de signis artis dialectice. Vita sancti Zozime monachi, versifice.

Der Codex ist offenbar nicht erhalten[103]), und die Angaben zur angeblichen ALKUIN-Schrift sind zu vage, um daraus weiterreichende Schlüsse zu ziehen.

3. Interessant ist eine Erwähnung in Fulda. Zwar ist die Reihe der *Mittelalterlichen Bibliothekskataloge Deutschlands und der Schweiz* noch nicht bei Fulda angelangt, aber durch die Monographie von KARL CHRIST[104]) sind die Bücherverzeichnisse des 16. Jahrhunderts erschlossen, und PAUL LEHMANN hat sich in mehreren Arbeiten um die Erforschung der Frühgeschichte verdient gemacht[105]). Durch zwei Bruchstücke eines Katalogs um 850 kennen wir offenbar den Fuldaer Gesamtbestand der Schriften von AUGUSTINUS, HIERONYMUS, ALKUIN und HRABAN. Dabei gab es unter den *Opuscula Alcuini* auch:

21. *eiusdem quaestiones in genesim. eiusdem de formulis arithmeticae artis. eiusdem de grammatica in I. vol.*[106])

Möglicherweise verbergen sich hinter dem zweiten Titel die *Propositiones.* Dieser Verdacht verhärtet sich noch, wenn man berücksichtigt, daß die arithmetische Schrift in Fulda auf ALKUINS *Quaestiones in genesin* folgte: Dieselbe Anordnung ist auch im Augiensis 205 anzutreffen[107]). Wenn die Zuschreibung der *formulae arithmeticae artis* im alten Katalog auf Tatsachen beruht, haben wir hier also ein wichtiges Indiz für die Autorschaft des ALKUIN. Da der Titel *formulae arithmeticae artis* an die *figurae arithmeticae subtilitatis* im ALKUIN-Brief[108]) erinnert, dürfte in beiden Fällen dieselbe Schrift gemeint sein.

Es gibt also keinen sicheren Beweis, aber eine ganze Reihe von Andeutungen, die dafür sprechen, daß die *Propositiones* von ALKUIN verfaßt sind; mit Sicherheit gehören sie etwa in seine Zeit und in den Bereich des fränkischen Hofes.

Die *Propositiones* können ihre Beziehungen zur klösterlichen Welt nicht verleugnen. So handelt die Aufgabe 30 von einer Basilika, deren Boden mit Steinen ausgelegt werden

---

[101]) Erstmals, allerdings schlecht, ediert von EDWARD EDWARDS, *Memoirs of libraries: including a handbook of library economy*, Band 1, London 1859; dann erneut herausgegeben von M. R. JAMES, *The ancient libraries of Canterbury and Dover*, Cambridge 1903, S. 13—142.

[102]) Nr. 98 bei JAMES (auf S. 27).

[103]) Jedenfalls wird er nicht unter den erhaltenen Handschriften genannt bei JAMES[101]), S. 505 ff., und bei KER[48]), S. 29—40.

[104]) *Die Bibliothek des Klosters Fulda im 16. Jahrhundert*, Leipzig 1933.

[105]) Vor allem: Fuldaer Studien, in: *Sitzungsberichte der philosophisch-philologischen und der historischen Klasse der Bayerischen Akademie der Wissenschaften zu München*, Jahrgang 1925, 3. Abhandlung, München 1925, und: Quot et quorum libri fuerint in libraria Fuldensi, in: *Bok- och Biblioteks-historiska studier tillägnade Isak Collijn på hans 50-årsdag*, Uppsala 1925, S. 47—57. Danach gibt es aus der Fuldaer Frühzeit das Fragment eines Verzeichnisses von vor 800 (LEHMANN, 1925, S. 48, und *Fuldaer Studien*, Neue Folge, 1927, S. 52), ferner zwei Bruchstücke eines Katalogs, der kurz vor 850 entstand (abgedruckt bei G. BECKER, *Catalogi bibliothecarum antiqui*, Bonn 1885, Nr. 128, dort irrtümlich ins 12. Jahrhundert gesetzt, und Nr. 13), und kleine Teile eines weiteren Verzeichnisses vor allem theologischer Texte aus dem 9. Jahrhundert (LEHMANN, 1925, S. 10). Die Bruchstücke des 1. und 3. Katalogs nennen keine mathematische Schrift des ALKUIN.

[106]) BECKER[105]), S. 31. Diese Handschrift ist in den von CHRIST[104]) abgedruckten Verzeichnissen des 16. Jahrhunderts nicht mehr zu finden.

[107]) Siehe S. 17.

[108]) Siehe S. 31.

soll. In Aufgabe 47 verteilt ein Bischof Brote unter seinem *clerus*, und es wird nach der Zahl der *presbyteri, diaconi, lectores* gefragt. Ganz ähnlich in Aufgabe 53: Hier sind es eine Anzahl Eier, die der Abt seinen Mönchen zuweist. Auch die Einkleidungen der übrigen Aufgaben passen gut in den durch die vermutliche Entstehungszeit geprägten Rahmen: Handwerk und Handel spielen nur eine sekundäre Rolle[109]; Motive aus dem Landleben überwiegen[110]. Auch die genannten Gegenstände[111] und Tiere[112] gehören in diesen Bereich. Nur an einer Stelle (Aufgabe 13) deuten Soldaten auf kriegerische Auseinandersetzungen hin.

Natürlich sind in die *Propositiones* auch andersartige Elemente eingeflossen. Auf die Erwähnung der Kamele, die auf frühe Beziehungen zum islamischen Kulturkreis hindeuten könnten, haben wir schon hingewiesen[113]. Aufschlußreicher noch sind die Erbschaftsaufgaben, die immerhin dreimal vertreten sind (Nr. 12, 35, 51). Ebenso wie die vier Aufgaben über die Verwandtschaftsgrade (Nr. 11, 11a—c) entstammen sie der römischen Gedankenwelt und bestätigen, daß die *Propositiones* in der Tradition der Römer stehen. CANTOR hat richtig bemerkt, daß die Lösung der Aufgabe über die Zwillingserbschaft (Nr. 35) in den *Propositiones* den Willen des Erblassers völlig auf den Kopf stellt[114]: Der Sohn bekommt nicht, wie im Testament verfügt, das Dreifache des Erbes der Mutter, sondern nur unwesentlich mehr als diese. Die Aufgabe selbst stammt aus den römischen Rechtsschulen und wird mit der richtigen Verteilung in den Digesten bei SALVIANUS JULIANUS, CAECILIUS AFRICANUS und JULIUS PAULUS erwähnt. Die erstaunliche Auflösung in den *Propositiones* zeigt, daß ihr Autor von der römischen Rechtspraxis nichts mehr verstand. — Noch eine weitere Aufgabengruppe steht in römischer Tradition: die Flächenberechnungen und -verwandlungen. Über sie wird im folgenden Kapitel zu reden sein.

Möglicherweise sind die *Propositiones* auch von spätgriechisch-byzantinischen Aufgabensammlungen beeinflußt. Hier muß man vor allem an die arithmetischen Epigramme in der Anthologia Palatina, Buch XIV, denken, die gemäß der Überlieferung überwiegend von METRODOROS stammen[115] (XIV 1—4, 6, 7, 11—13, 48—51, 116—146). In der griechischen Anthologie nehmen wie in den *Propositiones* die Hau-Rechnungen einen überaus breiten Raum ein; auch Brunnenaufgaben sind vertreten[116]. Es ist gut möglich, daß die METRODOROS-Aufgaben gerade im 8./9. Jahrhundert in Westeuropa bekannt wurden, da wir

---

[109] Kaufleute werden in den Aufgaben 5, 6, 38, 39 erwähnt, Handwerker nur an zwei Stellen: Maurer (A 37), Stellmacher (A 49).

[110] Wanderer: A 2, 3; Pflügen des Ackers: A 14, 15; Teilen von Äckern: A 21—25; Stadtformen: A 27—29; Weinkeller: A 31; Verteilung der Ernte: A 32—34, 33a; weidende Tiere: A 4, 21, 40; Schule und Schüler: A 48; Getreidetransport: A 52.

[111] Schüssel: A 7; Tonne: A 8, 31; Weinkrug: A 50, 51; Ölflasche: A 12; Leiter: A 42; Schweinestall: A 41; Wagenrad: A 49; Tuch für Kleidung: A 9—10; Geldbörse: A 46; Brot: A 47; Eier: A 53.

[112] Esel: A 39; Hase: A 26; Hund: A 26; Igel: A 20; Kamel: A 39, 52; Pferd: A 4, 38; Rind/Ochse: A 14, 16, 38; Schaf: A 21, 38—40; Schnecke: A 1; Schwalbe: A 1; Schwein: A 5, 6, 41, 43; Storch: A 3; Taube: A 42, 45; Wolf: A 18; Ziege: A 18.

[113] Natürlich sind aus der Erwähnung der Kamele allein keine zwingenden Schlüsse zu ziehen. Im Alten Testament beispielsweise werden *cameli* oft genannt, z. B. Gen. 12, 16 und 24, 35; 1. Reg. 15,3 und 27,9 (überall zusammen mit *oves* und *asini*); Gen. 30, 43; Exod. 9, 3; 1. Par. 12, 40; Isai. 21, 7 (zusammen mit *asini*); Gen. 32, 7; Judith 3, 3; Job 1, 3 (gemeinsam mit *oves*) und öfter.

[114] CANTOR (2), S. 146—149; CANTOR (3), S. 562.838.

[115] Die Aufgaben mit Scholien sind ediert von PAUL TANNERY, *Diophanti Alexandrini opera omnia*, Band 2, Leipzig 1895, S. 43—72. Ergänzend heranzuziehen ist TANNERYs kurzer, aber inhaltsreicher Aufsatz Sur les épigrammes arithmétiques de l'Anthologie Palatine, in: *Revue des études grecques* 7 (1894) 59—62; wiederabgedruckt in: *Mémoires scientifiques de Paul Tannery*, Band 2, Toulouse/Paris 1912, S. 442—446. Hier hat TANNERY anhand des Inhalts und der Überlieferung die ursprüngliche Reihenfolge und bestehende Lücken in den METRODOROS-Epigrammen ermittelt und die Probleme klassifiziert. METRODOROS lebte vielleicht um 500; ein genaues Datum ist nicht bekannt.

[116] Zu diesen Aufgabentypen siehe Kapitel 7 (S. 35—38).

wissen, daß von einer byzantinischen Gesandtschaft an Karl den Großen im Jahre 781 der Grieche ELISSAIOS als Lehrer der Prinzessin ROTRUD zurückblieb[117]).

Die *Propositiones* beruhen also auf drei Wurzeln: In erster Linie stehen sie in der römischen Tradition; daneben sind griechisch-byzantinische und arabische Einflüsse anzunehmen. Diese zunächst recht grobe Feststellung läßt sich anhand der Geschichte der Probleme erhärten (siehe Kapitel 7). Dabei wird es sich auch zeigen, daß einige Aufgaben erstmals in den *Propositiones* auftreten.

Wir müssen noch der Frage nachgehen, ob die *Propositiones* von Anfang an in ihrer heutigen Gestalt selbständig vorlagen oder als Teil eines größeren Ganzen konzipiert wurden. THIELE hat als erster und wohl auch als einziger den Standpunkt vertreten, die Rechenrätsel seien seit alter Zeit mit den äsopischen Fabeln verbunden[118]). Zu dieser Annahme führte ihn die Tatsache, daß in den Handschriften *B* und *V* beide Texte aufeinander folgen, daß die erste Aufgabe in Form einer Tierfabel gekleidet ist und die Rechenaufgaben in ADEMARS Handschrift *V* wie die vorangehenden Fabeln illustriert sind. Aufbauend auf diesen Beobachtungen und auf dem Text des Augiensis *A*, konstruierte THIELE drei Entwicklungsstufen: Ursprünglich waren die Aufgaben integraler Bestandteil der Fabelsammlung des ROMULUS-AESOP (wie in *V*). Später wurden die Rätsel von den Fabeln gelöst, erhielten den Titel *Propositiones arithmeticae* (!) *ad acuendos iuvenes* und außerdem Einzelüberschriften (wie in *B*). Im letzten Stadium wurden die Aufgaben ganz von den Fabeln getrennt (wie in *A*). — Es bedarf keiner Phantasie, um diese Ansicht als nicht sehr wahrscheinliche Hypothese abzutun. Hätte THIELE nicht nur die Handschriften *ABV*, sondern alle 12 Codices gekannt, so wäre ihm bewußt geworden, daß die Verbindung der Rätsel mit den Fabeln eine Besonderheit der Handschriften *BV* ist und daß demgegenüber in den anderen zum Teil älteren und zuverlässigeren Handschriften die Rechenrätsel isoliert dastehen. Insbesondere dürfen natürlich aus dem relativ jungen Codex *V*, der auch sonst die individuellen Eigenheiten des Kompilators ADEMAR zeigt, keine weiterreichenden Schlüsse gezogen werden. Die Übereinstimmung in der Überlieferung bestätigt, daß die *Propositiones* als selbständiges Werk konzipiert wurden. Dies schließt nicht aus, daß in einem späteren Zeitpunkt die Rechenrätsel an Fabelsammlungen angehängt und zum Bestandteil einer Tradition in der AESOP-Überlieferung wurden. Tatsächlich legt die thematische Übereinstimmung einiger Fabeln eine solche Verbindung nahe, ähnlich wie in anderen Handschriften unter die *Propositiones* verschiedene andere mathematische Rätselaufgaben gemischt sind[119]). Wohl aus denselben Gründen begegnen uns in den Handschriften die *Propositiones* oft nach oder vor Pseudo-BEDAS *De arithmeticis propositionibus*[120]), ohne daß man daraus auf denselben Ursprung oder Verfasser schließen könnte[121]).

7. INHALT DER PROPOSITIONES; HISTORISCHE BEMERKUNGEN

Um den Stellenwert der *Propositiones* innerhalb der Darstellungen des angewandten Rechnens einschätzen zu können, ist zu untersuchen, welcher Art die Probleme sind, die uns in dieser Schrift begegnen. Hier genügt ein verhältnismäßig pauschaler Überblick, da die in den verschiedenen Kulturen auftauchenden Probleme des angewandten Rechnens in der

---

[117]) VOGEL (5), S. 2 (deutsch) = S. 250 (russisch).

[118]) THIELE (1), S. 22—25.

[119]) Etwa in *V* (nach Aufgabe 2); in *M*; in *S* (zwischen Aufgaben und Lösungen) und in den kontaminierten Fassungen in Cotton Cleop. B. IX sowie Oxford, Bodleian Library, Digby 98 (siehe Kapitel 2). In *A* folgen auf die *Propositiones* noch einige Scherzrätsel, die CANTOR erstmals ediert hat: CANTOR (2), S. 219f. (als Anmerkung 269).

[120]) In den Handschriften BMM_1OR_1.

[121]) Siehe FOLKERTS (2), S. 36.

voraussichtlich 1978 erscheinenden Neuauflage von J. TROPFKES *Geschichte der Elementar-mathematik* behandelt und klassifiziert werden[122]). Die im folgenden gewählte numerische Einteilung entspricht derjenigen bei TROPFKE.

1. PROBLEME DES TÄGLICHEN LEBENS

Hierzu zählen etwa Prozent-, Rabatt-, Zins-, Gesellschafts- und Mischungsrechnungen sowie Aufgaben, die mit Geldwechsel zu tun haben. Probleme dieser Art sind in Westeuropa insbesondere in Sammlungen des 14. und 15. Jahrhunderts stark vertreten. Es fällt auf, daß in den *Propositiones* keine Aufgabe dieser Gruppe zuzurechnen ist. Auch die Nummern 1, 46, 49, 50, 53, die sich mit Umrechnungen verschiedener Art bzw. einfachen Divisionen befassen, behandeln nur scheinbar Probleme des täglichen Lebens; in Wirklichkeit sind es Phantasieaufgaben[123]).

2. PROBLEME DER UNTERHALTUNGSMATHEMATIK

2. 1 *Lineare Probleme mit einer Unbekannten*

Der Hauptanteil der arithmetischen Aufgaben gehört dieser Gruppe an. Von den 13 Aufgaben dieser Abteilung sind 8 Hau-Rechnungen (2. 1. 1), eingekleidet in die Frage nach der Anzahl („Gott-Grüß-Euch-Aufgaben": 2. 1. 1. 1; Nr. 2—4, 40, 45, 48) oder nach dem Alter (2. 1. 1. 2; Nr. 36, 44). Diese Aufgaben führen stets auf die lineare Gleichung $nx + p = 100$, wobei n die Summe gewisser rationaler Zahlen und p eine natürliche Zahl oder Null ist[124]). Der Verfasser der *Propositiones* gibt in keinem Fall das Lösungsverfahren an, sondern beschränkt sich auf die Erwähnung der Lösungszahl und die Probe. — Hau-Rechnungen begegnen uns, angefangen von den ältesten ägyptischen Texten, in fast allen Sammlungen der Unterhaltungsmathematik, so auch in indischen und arabischen Texten und bei ANANIA VON SCHIRAK. Vielleicht beruhen die Aufgaben in den *Propositiones* auf der griechischen Anthologie, in der Hau-Rechnungen etwa $\frac{2}{3}$ aller Probleme ausmachen. Die Aufgabe 2 = 40 findet man mit denselben Zahlenwerten auch in dem byzantinischen Rechenbuch aus dem 15. Jahrhundert sowie bei ABRAHAM IBN EZRA und ELIA MISRACHI[125]).

Eine Aufgabe (Nr. 26) gehört zu den Bewegungsproblemen (2. 1. 4): Ein Hund verfolgt einen Hasen, der 150 Fuß Vorsprung hat. In der Zeit, in der der Hund 9 Schritte läuft, legt der Hase 7 Schritte zurück. Da der Hund also in der Zeiteinheit zwei Schritte näherkommt, holt er den Hasen nach 150 : 2 = 75 Schritten ein. „ALKUIN" gibt ohne Begründung lediglich an, daß man als Lösung die Hälfte des Abstandes nehmen müsse. Diese Aufgabe vom Hasen und Hund, die in späteren Sammlungen mit vielen Varianten behandelt wird, taucht in der einfachsten Fassung erstmals hier in der Literatur auf; eine kompliziertere Version liegt schon in den chinesischen 9 Büchern arithmetischer Technik vor[126]). Überhaupt werden in diesem chinesischen Rechenbuch viele Bewegungsaufgaben verschiedenster Art behandelt. Merkwürdigerweise kennen Inder und Araber diese Aufgabe nicht.

Die restlichen vier Aufgaben (Nr. 7, 8, 37, 52) sind untypische Vertreter dieser Gruppe 2. 1. Sie sollen hier kurz erwähnt werden.

---

[122]) Diese 4. Auflage soll die drei ersten Bände der 3. Auflage ersetzen.

[123]) Nr. 1: Umwandlung *leuva—uncia* sowie Tage in Jahre; Nr. 46: Talente in *solidi*; Nr. 49: aus der Zahl der Räder wird die Anzahl der Wagen ermittelt; Nr. 50: Verwandlung von *metra* in *sextarii* und *meri*; Nr. 53: Verteilung von Eiern unter Mönche.

[124]) Die Gleichungen lauten in moderner Schreibweise:
Nr. 2 und Nr. 40: $x + x + \frac{1}{2}x + \frac{1}{4}x + 1 = 100$; Nr. 3: $x + x + x + \frac{1}{2}x + 2 = 100$; Nr. 4: $x + x + \frac{1}{2}x = 100$; Nr. 36: $(4x) \cdot 3 + 1 = 100$; Nr. 44: $2x \cdot 3 + 1 = 100$; Nr. 45: $x + x + x + 1 = 100$; Nr. 48:
$x \cdot \dfrac{2 \cdot 3}{4} + 1 = 100.$

[125]) VOGEL (2), S. 95.

[126]) Buch 6, Nr. 14: siehe VOGEL (4), S. 126 f.

In Aufgabe 7 sind bei einer Wurfscheibe die Gewichtsanteile zu bestimmen, wenn die Scheibe aus Gold, Silber, Messing und Zinn besteht und jeder Bestandteil in dreifacher Menge wie der vorhergehende vorhanden ist. Diese Aufgabe könnte man auf den ersten Blick unter die Mischungsrechnung einreihen, jedoch fehlen wesentliche Kriterien dieses Typus, da es nicht auf den Feingehalt der Legierung ankommt, sondern nur auf die Gewichte. In Wirklichkeit erfordert die Aufgabe nur das Lösen einer linearen Gleichung. In den *Propositiones* sind auch hier nur Lösung und Probe angegeben.

In Nr. 8 kann eine Tonne von 300 *modia* Inhalt durch drei Röhren entleert werden, wobei durch die erste Röhre $\frac{1}{3} + \frac{1}{8}$ des Inhalts fließt, durch die zweite $\frac{1}{8}$ und durch die dritte $\frac{1}{6}$. Wie viele *sextarii* fließen aus jeder Röhre? Diese Einkleidung erinnert an die Brunnenaufgaben, einen Problemtypus, der ebenfalls in der griechischen Anthologie relativ zahlreich vertreten ist[127]. Vom Inhalt her unterscheidet sich das Problem jedoch von den üblichen Zisternenaufgaben: Hier ist nicht der Dreisatz anzuwenden, sondern es genügen simple Divisionen sowie elementare Umrechnungen. Der Autor gibt wiederum nur die Lösung an.

Nr. 37: Fünf Meister und ein Lehrling bauen gemeinsam ein Haus und erhalten dafür zusammen 25 *denarii* pro Tag, wobei der Lehrling nur die Hälfte eines Meisters verdient. Um die einzelnen Anteile zu bestimmen, werden zunächst 22 *denarii* in $5 \cdot 4 + 1 \cdot 2$ zerlegt. Die restlichen 3 *denarii* werden in je 11 Teile geteilt, von denen jeder Meister 6 und der Lehrling 3 erhält. Somit bekommen die Meister je $4\frac{6}{11}$ und der Lehrling $2\frac{3}{11}$ *denarii*. Hier wird also ausnahmsweise der Lösungsweg verraten, doch macht die Rechnung einen etwas unbeholfenen Eindruck. Auch diese Aufgabe gehört nur scheinbar in eine bekannte Problemgruppe (Leistungsprobleme: 2. 1. 2); letzten Endes handelt es sich um eine einfache Division durch 11.

Nr. 52: Ein Kamel transportiert in Fuhren zu je 30 *modia* insgesamt 90 *modia* Getreide über eine Entfernung von 30 *leuvae*, wobei es pro *leuva* 1 *modium* auffrißt. Wieviel Getreide kommt ans Ziel? Die Lösung besagt, daß in drei Fuhren je 30 *modia* zunächst nur über 20 *leuvae* transportiert werden. Hierbei verbleibt ein Rest von jeweils 10 *modia*. Zuletzt werden diese 30 *modia* über die restlichen 10 *leuvae* gebracht, so daß 20 *modia* übrigbleiben. Diese eigenwillige Aufgabe, bei der ebenfalls außer der Lösung auch der Lösungsweg angegeben wird, paßt in kein Aufgabenschema.

2. 2 *Lineare Probleme mit mehreren Unbekannten*

Insgesamt neun Aufgaben gehören in diese Abteilung: eine (Nr. 16) unter die Rubrik „Geben und Nehmen" (2. 2. 4), die übrigen acht (Nr. 5, 32, 33, 33a, 34, 38, 39, 47) zu den „Zechenaufgaben" (2. 2. 6).

In Nr. 16 verlangt A von B zwei Ochsen; dann hätten beide gleichviel Tiere. Wenn dagegen B von A zwei Ochsen erhält, besitzt B doppelt so viele wie A. Es handelt sich also um die einfachste Form des „Gebens und Nehmens", bei der nur zwei Personen beteiligt sind. Als Lösung wird nicht, wie zu erwarten, 10 bzw. 14 Ochsen angegeben, sondern 4 und 8. Somit hat man davon auszugehen, daß der zweite nicht von der ursprünglichen, sondern von der schon veränderten Anzahl etwas hergibt[128]. Eine ähnliche Variante liegt auch im *Algorismus Ratisbonensis*, Nr. 231, vor[129]. — Das Problem „Geben und Nehmen" ist ein typisches Stück griechischer Algebra[130]. In späterer Zeit begegnet es auch bei den Indern und Arabern und in anderen abendländischen Sammlungen.

---

[127] VOGEL (2), S. 97.
[128] Statt $x + 2 = y - 2$, $2(x - 2) = y + 2$ lautet das Gleichungssystem $x + 2 = y - 2$, $2(x + 2 - 2) = (y - 2) + 2$.
[129] VOGEL (1), S. 171.
[130] VOGEL (1), S. 218.

Zu den unbestimmten Aufgaben gehören die Zechenaufgaben, die in den *Propositiones* stark vertreten sind: Unter eine bestimmte Anzahl von Personen wird eine gleichgroße Anzahl von Gegenständen je nach Würdigkeit verteilt, oder 100 Tiere verschiedenen Wertes kosten 100 *solidi*. Es handelt sich stets um zwei Gleichungen mit drei Unbekannten. Auch hier verzichtet der Autor auf Angabe des Verfahrens; er greift nur unter den meist mehreren ganzzahligen Möglichkeiten eine Lösung heraus und zeigt ihre Richtigkeit[131]). — Das Problem der 100 Vögel, aus dem später die Zechenaufgaben hervorgingen, stammt ohne Zweifel aus China. Von den Chinesen gelangte die Aufgabe zu den Indern und Arabern[132]). Es liegt nahe, für die *Propositiones* hier eine arabische Vorlage anzunehmen, zumal die Aufgabe 39 von der Einkleidung her[133]) auf orientalische Quellen weist und genau dieselben Zahlenwerte uns bei Abū Kāmil begegnen[134]).

2. 4 *Aufgaben mit Folgen und Reihen*

Aufgaben, in denen arithmetische und geometrische Folgen und Reihen eine Rolle spielen, sind seit der ältesten Zeit in fast allen Kulturen anzutreffen. Das wohl älteste Beispiel einer geometrischen Reihe mit dem Quotienten 7 steht im Papyrus Rhind (Nr. 79). Auch aus China sind schon früh Aufgaben dieser Art belegt[135]). In den *Propositiones* gehören drei Aufgaben zu dieser Gruppe: Nr. 13, 41, 42.

In Aufgabe 13 sammelt ein König ein Heer, indem er nacheinander in 30 Häuser geht und aus jedem so viele Soldaten mitnimmt, wie insgesamt das Haus betreten haben. Dies führt zur geometrischen Reihe $1 + 1 + 2 + 4 + \ldots + 2^{29} = 2^{30}$ [136]). Der Autor der *Propositiones* benutzt zur Bestimmung der Summe keine Formel, sondern zählt alle Zwischenergebnisse auf.

In ähnlicher Weise wird in Aufgabe 41 die geometrische Folge 8, 8^2, ..., $8^6 = 262144$ bestimmt. Als Einkleidung wählt man dabei eine Schweinefamilie: Eine Sau wirft in der Mitte des Schweinestalls 7 Junge; alle 8 Schweine und ihre Nachkommen werfen in jeder Ecke und schließlich noch einmal in der Stallmitte wieder je 7 Ferkel. Wie viele Tiere sind es insgesamt?

In Aufgabe 42 soll die Zahl der Tauben auf einer 100sprossigen Leiter bestimmt werden, wenn auf der 1. Sprosse eine Taube und auf jeder weiteren jeweils eine Taube mehr als auf der vorhergehenden sitzt. Hier wird ausnahmsweise die Lösung nicht einfach genannt, sondern ein Verfahren zur Bestimmung des Wertes dieser arithmetischen Reihe $1 + 2 + + 3 + \ldots + 99 + 100$ angegeben: Durch Zusammenfassen von $1 + 99$, $2 + 98$, ..., $49 + 51$ erhält man 49 Paare zu je 100 Tauben, denen noch der Wert des 50. und 100. Gliedes zuzurechnen ist. Dies ergibt insgesamt $49 \cdot 100 + 50 + 100 = 5050$. Eine entsprechende

---

131) Die einzelnen Aufgaben lauten:
Nr. 5: 100 Schweine kosten 100 *denarii*; Werteinstufung 10, 5, $\frac{1}{2}$; Lösung 1, 9, 90.
Nr. 32: 20 Maß Getreide an 20 Personen; Würdigkeit 3, 2, $\frac{1}{2}$; Lösung 1, 5, 14.
Nr. 33: 30 Maß Getreide an 30 Personen; Würdigkeit 3, 2, $\frac{1}{2}$; Lösung 3, 5, 22.
Nr. 33a: 90 Maß Getreide an 90 Personen; Würdigkeit 3, 2, $\frac{1}{2}$; Lösung 6, 20, 64.
Nr. 34: 100 Maß Getreide an 100 Personen; Würdigkeit 3, 2, $\frac{1}{2}$; Lösung 11, 15, 74.
Nr. 38: 100 Tiere kosten 100 *solidi*; Werteinstufung 3, 1, $\frac{1}{24}$; Lösung 23, 29, 48.
Nr. 39: 100 Tiere kosten 100 *solidi*; Werteinstufung 5, 1, $\frac{1}{20}$; Lösung 19, 1, 80.
Nr. 47: 12 Brote an 12 Geistliche; Würdigkeit 2, $\frac{1}{2}$, $\frac{1}{4}$; Lösung 5, 1, 6.
132) Vogel (2), S. 98; Vogel (1), S. 222.
133) Kamele, Orient: siehe Seite 33.
134) Heinrich Suter, Das Buch der Seltenheiten der Rechenkunst von Abū Kāmil el Miṣri, in: *Bibliotheca Mathematica*, 3. Folge, Band 11, 1910/11, S. 100—120, hier: S. 102.
135) Vogel (4), S. 127. Beispiele für ähnliche Aufgaben in Byzanz bei Vogel (3), S. 148.152.
136) Die Annahme bei Thiele (1), S. 64f., in der Rechnung sei ein Fehler, da in der 3. Stadt die Zahl erst auf 6 anwachsen durfte, ist nicht zwingend: Offenbar muß der König mitgezählt werden, so daß $4 + 4$ Personen das 3. Haus verließen, da $1 + 3 = 4$ Personen es betreten hatten.

38

Aufgabe findet man auch in der byzantinischen Sammlung des frühen 14. Jahrhunderts[137]),
wobei dort aber die Formel $s = \dfrac{100^2 + 100}{2}$ benutzt wird.

2.7 *Anordnungsprobleme; Sonstiges*

Insgesamt 11 Aufgaben aus den *Propositiones* kann man den Anordnungsproblemen im weiteren Sinn zurechnen. Nr. 6 ist ein typischer Vertreter des Problems „Gewinn beim Verkauf um den Einkaufspreis" (2.7.2): Zwei Händler kaufen 250 Ferkel für 100 *solidi*. Obwohl sie sie scheinbar zum selben Preis (d. h. je 5 für 2 *solidi*) verkaufen, machen sie $4\tfrac{1}{6}$ *solidi* Gewinn: Der eine verkauft nämlich die schlechtere Hälfte zum Stückpreis von $\tfrac{1}{3}$ *solidus*, der andere die bessere für je $\tfrac{1}{2}$ *solidus*. — Dieses Problem findet sich hier wohl zum erstenmal. Später begegnet es uns etwa im *Liber augmenti et diminutionis* und bei LEONARDO VON PISA[138]).

Das Problem der Zwillingserbschaft (2.7.4) ist Thema von Aufgabe 35. Über dieses aus dem römischen Bereich stammende Problem und die ungerechte Lösung wurde schon gesprochen[139]).

Gleich viermal werden Transportprobleme (2.7.5) behandelt, und zwar in Nr. 17—20. Dabei sind in Nr. 17 drei Männer mit ihren Frauen über den Fluß zu setzen; in Nr. 18 handelt es sich um Ziege, Wolf und Kohlkopf, in Nr. 19 um Mann, Frau und zwei Kinder und in Nr. 20 um zwei Igel mit ihren Jungen. In allen Fällen wird sehr ausführlich angegeben, welche Lebewesen jeweils überzusetzen sind. Es hat den Anschein, als ob dieser Aufgabentyp, der vor allem in der Einkleidung mit Ziege, Wolf und Kohlkopf später sehr populär wurde, erstmals hier auftritt.

Zweimal sind „Umfüllaufgaben" (2.7.6) vertreten: In Nr. 12 werden 10 volle, 10 halbvolle und 10 leere Flaschen unter drei Söhne so verteilt, daß jeder gleichviel Öl und Flaschen bekommt. Ohne Begründung greift der Autor unter den fünf Möglichkeiten eine heraus. — In Nr. 51 fällt die triviale Lösung auf: Vier Söhne sollen vier Weingefäße mit den Inhalten 40, 30, 20, 10 *modia* gerecht teilen. Der Autor meint, die ersten beiden Söhne sollten die Gefäße mit 40 und 10 *modia* nehmen, die beiden anderen die mit 30 und 20; dann hätten je zwei Söhne zwei Gefäße mit insgesamt 50 *modia*. — Diese beiden trivialen Aufgaben erinnern an sinnvollere Verteilungsaufgaben in den *Annales Stadenses* und anderen abendländischen Sammlungen, bei denen neun Fässer mit den Inhalten 1, 2, . . ., 9 unter drei Personen gerecht verteilt werden sollen[140]).

Die restlichen drei Probleme, die man vielleicht diesem Komplex zurechnen könnte (Nr. 11, 11a, 11b), behandeln komplizierte Verwandtschaften. Diese nicht mathematischen Aufgaben stehen der römischen Gedankenwelt nahe. Bezeichnenderweise verzichtet man darauf, eine Lösung zu geben.

Drei weitere Aufgaben haben mit Mathematik wenig oder nichts zu tun. Sie lassen sich in keinen der gängigen Aufgabenkomplexe einordnen. Zwei von ihnen (Nr. 14, 43) sind Scherzaufgaben: In Nr. 14 wird nach der Zahl der Spuren gefragt, die ein pflügender Ochse erzeugt, und in der Lösung wird richtig bemerkt, daß der Pflug die Spuren löscht. In Aufgabe 43, deren Sinn ich nicht verstehe, bemerkt der Autor ausdrücklich: *Haec fabula est tantum ad pueros increpandos.* In Aufgabe 15 schließlich wird die triviale Frage gestellt, wie viele Furchen beim Pflügen entstehen, wenn der Pflug an beiden Seiten des Feldes je dreimal gewendet wird. Natürlich lautet die richtige Antwort: 7.

---

[137]) VOGEL (3), S. 126—129 = Nr. 111.
[138]) Zur Geschichte der Aufgabe siehe VOGEL (1), S. 229f.
[139]) Siehe Seite 33.
[140]) Siehe VOGEL (1), S. 229.

2. 3 *Aufgaben der rechnenden Geometrie*

Wie in vielen anderen Sammlungen der Unterhaltungsmathematik sind auch in den *Propositiones* zahlreiche Aufgaben der rechnenden Geometrie vertreten. Fast ein Viertel des Gesamtbestandes gehört in diesen Komplex (12 Aufgaben: Nr. 9, 10, 21—25, 27—31). Diese Aufgaben unterscheiden sich jedoch von denjenigen in anderen Sammlungen dadurch, daß jene im allgemeinen Anwendungen des pythagoreischen Lehrsatzes oder der Ähnlichkeitssätze bringen, während diese sich ausschließlich mit Flächenberechnungen bzw. -verwandlungen beschäftigen. Auch innerhalb der *Propositiones* nehmen die genannten Aufgaben eine Sonderstellung ein, da im Gegensatz zu den meisten anderen Problemen hier im allgemeinen der Lösungsweg angedeutet wird. Dies alles macht es erforderlich, auf diese Aufgabengruppe etwas ausführlicher einzugehen.

Die geometrischen Aufgaben sind keine typischen Vertreter der Unterhaltungsmathematik; vielmehr dienen sie dazu, geometrische Formeln an Beispielen zu verdeutlichen. Diese Probleme sind also der ernsthaften Mathematik zuzurechnen. Einkleidung und Lösungsverfahren zeigen, daß diese Aufgaben in der Tradition der römischen Feldmesser stehen; ähnliche Probleme begegnen uns schon bei HERON, im 5. Buch von COLUMELLAS *De re rustica* und in Schriften des *Corpus agrimensorum*. Besonders starke Ähnlichkeit besteht mit der anonymen Geometrie, die mit GERBERTS Geometrie in Verbindung steht (*Geometria incerti auctoris;* im folgenden abgekürzt mit G. i. a.): Abgesehen von den Aufgaben 9, 10 der *Propositiones*, werden die übrigen Probleme in ganz ähnlicher Weise auch in der G. i. a. behandelt, und zwar entsprechen die Nummern 21—25, 27—31 der *Propositiones* den Aufgaben IV 30—39 in der G.i.a. So ist es notwendig, auch die G.i.a. in die Betrachtung einzubeziehen.

Die G. i. a. galt lange Zeit als Teil der GERBERTschen Geometrie. Erst BUBNOV, der die Schrift erstmals kritisch edierte[141]), konnte durch seine Kenntnis der handschriftlichen Überlieferung überzeugend nachweisen, daß dieses Werk vor GERBERT entstand: Da die G. i. a. arabische Schriften über das Astrolab voraussetzt, sie andrerseits aber in der Agrimensoren-Handschrift vorhanden war, die GERBERT 983 benutzte, kann die Schrift nicht vor dem 9. und nicht nach dem 10. Jahrhundert entstanden sein[142]). Somit ist sie etwa zeitgleich mit den *Propositiones*. Da nicht sicher zu klären ist, welche von beiden Schriften die jüngere ist, muß ein Vergleich des Inhalts über eine mögliche Abhängigkeit entscheiden. Im folgenden werden die geometrischen Aufgaben in den *Propositiones* einzeln behandelt; dabei wird auf Ähnlichkeiten wie Unterschiede zur G. i. a. hingewiesen.

Die Aufgaben 9 und 10, die nicht in der G. i. a. vorhanden sind, behandeln die Frage, wie viele kleine Tücher aus einem großen rechteckigen Tuch hergestellt werden können. Die konfuse Lösungsmethode, die wohl nur zufällig zum richtigen Ergebnis führt, ist schon auf Seite 29f. erwähnt worden.

Nr. 21 = G. i. a. IV 30: Wie viele Schafe können auf einem rechteckigen Feld weiden (100 × 200 Fuß), wenn jedes Tier 4 × 5 Fuß benötigt? Das Ergebnis lautet: $(200:5) \cdot (100:4) = 40 \cdot 25 = 1000$. Zahlenwerte und Lösungsverfahren stimmen in beiden Texten überein; sogar die Formulierung ist fast identisch. Die Übereinstimmung geht so weit, daß fast dieselbe verderbte Ausdrucksweise für „Teile 200 durch 5" benutzt wird: „ALKUIN" hat: *Duc bis quinquenos de CC*, G. i. a.: *Duc bis vicenos, vel quintam partem de ducentis.*

Die folgenden drei Aufgaben (22—24 = G. i. a. IV 31—33) beschäftigen sich mit der Berechnung der Fläche eines schrägen, viereckigen und dreieckigen Ackers. Bei „ALKUIN" wie in der G. i. a. benutzt man dafür die üblichen Feldmesserformeln, bei denen durch

---

141) BUBNOV, S. 310—365.
142) BUBNOVS Argumente sind zusammengefaßt auf S. 310, Anm. 1 (mit Ergänzungen auf S. 560), S. 400 und S. 471f.

Mittelbildung die ungeraden Figuren in annähernd gleiche Rechtecke verwandelt werden[143]). Beide Texte weisen dieselben Zahlenwerte auf, verwenden dieselben[144]) Formeln und ähneln sich auch im lateinischen Text. In allen drei Fällen ist jedoch das Ergebnis in der G. i. a. genauer, weil hier bei der Verwandlung der *perticae* in *aripenni* auch der Rest berücksichtigt wird[145]).

Im Gegensatz zu den erwähnten Aufgaben wird die Fläche eines runden Ackers in beiden Schriften (*Propositiones*, Nr. 25; G. i. a. IV 34) auf verschiedene Arten bestimmt, wobei das Verfahren in der G. i. a. wesentlich besser ist[146]).

Die Flächenformeln für den viereckigen und dreieckigen Acker wiederholen sich in Nr. 27 und 28 (= G. i. a. IV 35 und 36). Dabei befinden sich in einer entsprechend geformten Stadt rechteckige Häuser. Um ihre Anzahl zu bestimmen, verwandelt man die Städte durch Mittelbildung in annähernd flächengleiche Rechtecke und prüft, wie oft die Längen bzw. Breiten der Häuser in ihnen enthalten sind[147]). Auch hier stimmen die Texte in den *Propositiones* und in der G. i. a. weitgehend überein. Es fällt auf, daß in Nr. 28 = G. i. a. IV 36 in beiden Fällen statt des genauen Wertes 45 die abgerundete Zahl 40 benutzt wird. In IV 35 erwähnt der Autor der G. i. a. abweichend von „ALKUIN" den Rest.

Bei der analogen Aufgabe, die Anzahl der Häuser in einer runden Stadt zu errechnen („ALKUIN" 29 = G. i. a. IV 37), verwenden beide Autoren grundsätzlich verschiedene Verfahren und Zahlenwerte. Wie schon erwähnt[148]), ist die Methode in der G. i. a. gegenüber dem eigenwilligen Vorgehen bei „ALKUIN" bei weitem vorzuziehen.

In Aufgabe 30 = G. i. a. IV 38 (Bestimmung der Ziegelsteine in einer Basilika) stimmen wenigstens die Zahlen überein; im Text der Aufgabe gibt es nur geringe Anklänge, und die Verfahren differieren. Auch hier ist das Ergebnis der G. i. a. genauer[149]).

Die letzte gemeinsame Aufgabe (Nr. 31 = G. i. a. IV 39) stellt die Frage nach der Anzahl der Fässer in einem Weinkeller. Hier ist das Verfahren in beiden Fällen identisch, und sogar der lateinische Text stimmt über weite Strecken überein.

Fassen wir zusammen: Der geometrische Aufgabenkomplex in den *Propositiones* (Nr. 21—25. 27—31) begegnet uns in derselben Reihenfolge geschlossen auch in der G. i. a. (IV 30—39). Die Zahlenwerte sind bis auf Ausnahmen identisch, die Verfahren meistens auch; oft stimmen sogar die Formulierungen überein. Wo Differenzen bestehen, ist die Methode in der G. i. a. durchweg besser und die Lösung genauer. Die Aufgaben in der G. i. a. machen einen einheitlichen Eindruck; man merkt, daß der Autor die geometrischen Grundformeln und das Rechnen mit Brüchen beherrscht. Demgegenüber wirken die Lösungen bei „ALKUIN" oft unbeholfen und sind fehlerhaft. Sicherlich hat der Autor der *Propositiones* die Texte in der G. i. a. nicht gekannt, da die G. i. a. vermutlich etwas jünger ist und sonst auch nicht einzusehen wäre, warum er den besseren Text nicht übernommen hätte. Daß umgekehrt der Autor der G. i. a. die geometrischen Aufgaben in den *Propositiones* kannte und mit Hilfe seines mathematischen Wissens verbesserte, ist möglich, aber nicht sehr wahrscheinlich. Eher sollte man eine gemeinsame Quelle in Form einer heute verlorenen Agrimensoren-Handschrift annehmen[150]): Die in diesen Aufgaben benutzten Verfahren stehen in uralter Feldmesser-Tradition. Jedenfalls entstammen die geometrischen Aufgaben

---

[143]) Siehe CANTOR (2), S. 144.

[144]) In Nr. 22 allerdings bildet „ALKUIN" das arithmetische Mittel aus den drei Breiten, während die G. i. a. nur die beiden verschiedenen Breitseiten mittelt.

[145]) Zu den ungenauen Umrechnungen in den *Propositiones*, Aufg. 22 und 24, siehe S. 27 bzw. 25.

[146]) Siehe S. 27 f.

[147]) Siehe CANTOR (2), S. 145.

[148]) Seite 28 f.

[149]) Siehe S. 29.

[150]) So schon BUBNOV, S. 352, Anm. 85: *Videntur incertus auctor et Alcuinus haec omnia ex communi fonte, id est ex Epaphroditi textus plenioris parte deperdita, sumpsisse.*

(Nr. 21—25. 27—31 und wohl auch 9. 10) einer anderen Wurzel als die restlichen Probleme; sie gehören nicht der Unterhaltungsmathematik, sondern der ernsthaft betriebenen Geometrie an.

Während also über die Quellen des geometrischen Aufgabenkomplexes relativ genaue Angaben gemacht werden können, wissen wir über die benutzten Vorlagen in den anderen Teilen der Schrift weniger, weil direkte Paralleltexte nicht bekannt sind. Wir müssen uns mit der Aussage begnügen, daß einige Probleme, die in den *Propositiones* behandelt werden, erstmals hier auftauchen; für andere gibt es ältere Belege vor allem aus dem griechisch-römischen Bereich, aber auch aus arabischen Quellen. Dies paßt gut zu den Ergebnissen des vorhergehenden Kapitels und bestätigt, daß der Autor in der Tradition der griechisch-römischen Antike steht, daneben aber auch schon Beziehungen zu den Arabern bestanden.

HÄUFIGER ZITIERTE LITERATUR

Bubnov   N. Bubnov, *Gerberti opera mathematica*, Berlin 1899

Cantor (1) M. Cantor, *Mathematische Beiträge zum Kulturleben der Völker*, Halle 1863

Cantor (2) M. Cantor, *Die römischen Agrimensoren und ihre Stellung in der Geschichte der Feldmeßkunst*, Leipzig 1875

Cantor (3) M. Cantor, *Vorlesungen über Geschichte der Mathematik*, 1. Band, ³Leipzig 1907

Folkerts (1) M. Folkerts, Mathematische Aufgabensammlungen aus dem ausgehenden Mittelalter, in: *Sudhoffs Archiv* 55 (1971) 58—75

Folkerts (2) M. Folkerts, Pseudo-Beda, De arithmeticis propositionibus. Eine mathematische Schrift aus der Karolingerzeit, in: *Sudhoffs Archiv* 56 (1972) 22—43

Thiele (1) G. Thiele, *Der illustrierte lateinische Aesop in der Handschrift des Ademar. Codex Vossianus Lat. Oct. 15, fol. 195—205*, Leiden 1905

Thiele (2) G. Thiele, *Der lateinische Äsop des Romulus und die Prosa-Fassungen des Phädrus*, Heidelberg 1910

Vogel (1) K. Vogel, *Die Practica des Algorismus Ratisbonensis*, München 1954

Vogel (2) H. Hunger/K. Vogel, *Ein byzantinisches Rechenbuch des 15. Jahrhunderts*, Wien 1963

Vogel (3) K. Vogel, *Ein byzantinisches Rechenbuch des frühen 14. Jahrhunderts*, Wien 1968

Vogel (4) K. Vogel, *Chiu Chang Suan Shu. Neun Bücher arithmetischer Technik*, Braunschweig 1968

Vogel (5) K. Vogel, Byzanz, ein Mittler — auch in der Mathematik — zwischen Ost und West, in: *XIII. Internationaler Kongreß für Geschichte der Wissenschaft, Moskau 1971: Colloquium: Wissenschaft im Mittelalter; Wechselbeziehungen zwischen dem Orient und Okzident;* Wiederabdruck in russischer Sprache: ВИЗАНТИЯ КАК ПОСРЕДНИК МЕЖДУ ВОСТОКОМ И ЗАПАДОМ В ОБЛАСТИ МАТЕМАТИКИ, in: *ИСТОРИКО-МАТЕМАТИЧЕСКИЕ ИССЛЕДОВАНИЯ* 18 (1973) 249—263

BEMERKUNGEN ZUR EDITION

Der abgedruckte Text beruht auf allen Handschriften und den beiden Drucken *a* und *b*.
Er folgt im allgemeinen der Mehrzahl der besseren Textzeugen, so daß die Schreibweise
einzelner Ausdrücke oder stereotyper Wendungen gemäß dem Zeugnis der Handschriften
bisweilen schwankt (z. B. *Dicat, qui potest | valet | velit; modius | modium*; Schreibweise der
Zahlen).

Im kritischen Apparat sind alle wesentlichen Varianten jeder Handschrift und der beiden
Drucke verzeichnet. Es fehlen lediglich unbedeutende orthographische Differenzen wie *t | c*;
Groß- und Kleinschreibung; Aspiration; Schreibart der Zahlen (z. B. *IIII | IV | quat(t)uor*).
Alle Abkürzungen wurden aufgelöst, sofern dies eindeutig möglich war. Schwierigkeiten
ergaben sich bei den Handschriften *S* und *W*, von denen mir nur Photokopien vorlagen:
In *S* sind gegen Ende einige Wortgruppen sehr blaß geschrieben oder ganz unleserlich, so
daß bisweilen nicht erkennbar ist, ob sie überhaupt vorhanden sind. In *W* wurden Zahlen
und Überschriften (sofern vorhanden) mit einer hellen Tinte geschrieben; auf den Kopien
sind sie oft nicht lesbar. Die Überschriften scheinen zu fehlen. Die Varianten der Handschrift
V schließlich wurden nur bis zur Aufgabe 23 vermerkt und auch dort nur an Stellen, wo sie
in Beziehung zu den Lesarten anderer Handschriften stehen. Der Umfang des kritischen
Apparats hätte sich sehr stark vergrößert, wenn alle Sonderlesarten von *V* aufgenommen
worden wären. Für die Textgestaltung ist *V* unerheblich, da der Schreiber oft ganze Aufgaben
oder Lösungen frei bearbeitete.

BEDEUTUNG DER SIGLEN

A = Karlsruhe, Augiensis 205, f. 54r—70r (ca. 1000)
B = London, BM, Burney 59, f. 7v—11r (s. 11^1)
C = London, BM, Cotton Iul. D. VII, f. 132r (s. 13)
M = Montpellier 491, f. 94r—108r (s. 11^1)
M_1 = München, Clm 14689, f. 13v—20r (s. 12)
M_2 = München, Clm 14272, f. 181v (ca. 1020)
O = Vat. Ottob. lat. 1473, f. 28r—35v (ca. 1000)
R = Vat. Reg. lat. 208, f. 57v—61v (s. 11)
R_1 = Vat. Reg. lat. 309, f. 16rv. 3v—4r (s. 9ex.)
S = London, BM, Sloane 513, f. 43v—48r. 52r—56v (s. 15)
V = Leiden, Voss. lat. oct. 15, f. 203v—205v. 206v—210r (ca. 1025)
W = Wien, Ms. lat. 891, f. 4v—27v (ca. 1010)
a = ALKUIN-Ausgabe von FORSTER, St. Emmeram 1777, S. 440—448
b = BEDA-Ausgabe von HERWAGEN, Basel 1563, Sp. 135—146

add. = hinzugefügt
corr. = berichtigt
del. = getilgt
hab. = vorhanden
om. = ausgelassen
supr. = darübergeschrieben
⟨ ⟩ = in allen Texten fehlende, aber zu ergänzende Stücke
[ ] = in allen Texten vorhandene, aber zu tilgende Stücke
||||| = Rasur
† = verderbte Stelle
M_1^1, M^2 usw.: Hochgestellte Zahlen bezeichnen Korrekturen oder Ergänzungen einer mit
dem Schreiber gleichzeitigen (^{1}) oder einer späteren (^{2}) Hand

INCIPIUNT PROPOSITIONES AD ACUENDOS IUVENES.

(1) PROPOSITIO DE LIMACE.

Limax fuit ab hirundine invitatus ad prandium infra leuvam unam. In die autem non
potuit plus quam unam unciam pedis ambulare. Dicat, qui velit, in quot diebus ad idem
5 prandium ipse limax perambulaverit.

1 *inscr. om.* CM_2RSV, INCIPIVNT PROPOSITIONES AD EXERTITIVM ACVENDORVM IVVE-
NVM *W*, PROPOSITIONES AD ACVENDOS IVVENES R_1a, Incipiunt aliae propositiones ad acuendos
iuvenes *b*, DE CONIECTVRIS DILIGENTIBVS OPPOSITIS *M*
  2—5: $ABCMM_1M_2ORSVWab$, *om.* R_1
  2 *inscr. om.* MM_2RSVW, PROPOSITIO DE LYMACE M_1, DE LIMACE *B*, Proposicio *C*, Et primo de
Limace *b* | 3—5: Quaedam hirundo celebrans festivitatem dicitur ad convivium invitasse limacem. Vicini
namque fuerant, et mutuo ut fit convivia sepe exercere solebant. Non enim maiori distabant spatio quam integro
et semi miliario. Limax solito arripiens viam unam tantum in die conficiebat untiam, ex quibus XII pedem faciunt
unum, pedes quinque coniuncti unum tantum passum, passus CXXV unum stadium. Stadia octo miliarium,
quattuor adiuncta faciunt dimidium. Dicat, qui scit, per quot annos limax pervenit ad convivium. *M* | 3 fuit
post hirundine *C, post* prandium *V* | HYRVNdine *W*, yrundine *C*, irundine *S, ///* arundine *A,* hierundine
(MS. harundine) *a* | invitatus ab hirundine *R* | invitatus] vocatus M_2 | intra *B* | leuvam $ARVW$] leugam
BM_1M_2OS, leucam *Cab* | autem *om. CV* | 4 unciam unam *CS* | pedibus *ABOW* | velit] vult *BR,* potest
S | quot] annis (annos *Sb*) vel *add.* CM_1M_2Sab | dies *BRSVWb* | 4*sq.* ad idem prandium] *post* perambula-
verit (*l. 5*) M_1, illuc *R* | idem] eundem *W*, illud *O* | 5 ipse *om. BV* | limax *om. OV* | perambulaverit *B*]
perambulavit CM_2(*post* prandium)*ORSWb, corr.* $M_2{}^1$, perambulabat *Aa,* pervenisset M_1, pervenit V

6 SOLUTIO DE LIMACE.

In leuva una sunt mille quingenti passus, $\overline{VIID}$ pedes, $\overline{XC}$ unciae. Quot unciae, tot dies
fuerunt, qui faciunt annos CCXLVI et dies CCX.

  6—8: $ABCMM_1M_2ORSVWab$, *om.* R_1
  6 *inscr. om.* MM_1M_2SV, PRIMA SOLUTIO DE LIMACE *B,* SEQUITUR SOLUTIO DE LIMACE *Aa,*
SOLVTIO *CW,* R' *R,* De limace solutio *b* | 7—8: Cuius questionis problema tali solvitur coniectura. Sume
passus unius stadii, quorum pluralitas in CXXV dicitur aggregari. Quorum CXXV passuum pedes poteris
invenire, si per V supradictam summam volueris multiplicare, quorum pedum multiplicationem in DCXXV
videbis redundare. Si vero progrediens horum pedum untias studueris reperire, totam hanc summam per duodecim temptes coaugmentare, quos invicem coaugmentatos in septem milia et D aspicies exuberare. At si totius
leugae untias secteris invenire, supradictas quae sunt unius stadii debes multiplicare per duodecim, quippe quia
(*?*) tot stadia leuga dicitur continere, in quibus invenies $\overline{XC}$ untias excrescere, quas pro numero dierum debemus
computare. De quibus si annos volueris facere, per dies anni, scilicet CCCLXV, debes dividere. Qui divisi
videntur CCXLVI remanentibus CC ^{tis} decem diebus incunctanter procreare. *M* | 7 leuva AM_1OVW] leuuua
R, leuga BM_2S, leuca *Cab* | pedes 7 M. et quingenti *S* | uncie XC.M. *S* | $\overline{XC}$] 90 *b* | 8 qui — CCX] annos
CC^{tos} XLVI et dies CCX (*ante* 7 In) M_2 | CCXLVI] CC et XL. VII *S* | et *om. BV* | CCX] CC et X *C*

(2) PROPOSITIO DE VIRO AMBULANTE IN VIA.

10   Quidam vir ambulans per viam vidit sibi alios homines obviantes et dixit eis: Volebam,
ut fuissetis alii tantum, quanti estis, et medietas medietatis, et rursus de medietate medietas;
tunc una mecum C fuissetis. Dicat, qui vult, quot fuerint, qui in primis ab illo visi sunt.

  9—12: $ABCM_1M_2ORSVWab$, *om.* MR_1
  9 *inscr. om.* M_2RSVW, ITEM ALIA PROPOSITIO *BO,* PROPOSITIO (PROPOSITIO *om. b*) DE
HOMINE ALIIS HOMINIBVS (alios homines *b*) IN VIA SIBI OBVIANTIBVS M_1b, Propositio *C* | 10 sibi

post homines M_1 / homines _om._ B / _10sq._ Volebam, ut] Utinam CM_1M_2Sb, O V / 11 fuissetis] essetis B / tantum] tanti W, tot B / quanti] quantum M_1M_2S, quot B, _corr._ M_1^1 / estis] est S / medietatis] et huius numeri medietas _add. Aa,_ etiam huius numeri medietatis _add._ W / et (2.) — medietas (2.) CM_1M_2Sab] _om._ ABORVW / rursum C / 12 fuissetis] essetis B / vult] velit M_1M_2a, potest S / quot] quanti AORWa / fuerint, qui _om._ CM_1M_2SVb / fuerunt AB^1ORWa / in primis] primum BM_1(_post_ illo)M_2, primo O, primi W, primis b, _om._ S / ab illo _om._ C / sunt] fuerint M_1M_2, fuerunt CSb

SOLUTIO.

Qui imprimis ab illo visi sunt, fuerunt XXXVI. Alii tantum fiunt LXXII, medietas
15 medietatis sunt XVIII, et huius numeri medietas sunt VIIII. Dic ergo sic: LXXII et XVIII
fiunt XC. Adde VIIII, fiunt XCVIIII. Adde loquentem, et habebis C.

_13—16:_ $ABCM_1M_2ORR_1SVWab$, _om._ M
13 inscr. om. M_2SV, SOLVTIO DE ILLIS QVI OBVIAVERVNT CVIDAM HOMINI B, SOLVTIO DE EADEM PROPOSITIONE Aa, ALIA SOLVTIO M_1, R' R, INCIPIT SOLVTIO PRIMA R_1, De ciconijs b / 14 inprimis AWa] primis CM_1Rb, primi B, primum M_2, primitus S, prius OR_1 / fuerunt _om._ C / fuerunt XXXVI] XXXVI sunt S / XXXV C / Alii tantum] Si alii XXXVI addantur B, _om._ b / tanti W / fiunt _om._ ASab / LXXII] _om._ b, et huius _add._ CM_1M_2Sb / 15 medietatis _om._ S / sunt (1.) _om._ AVa / et (1.) — VIIII _om._ CW / sunt (2.) _om._ O / Dic — 16 XCVIIII _om._ B / 16 VIIII] VIII A / habes M_2

(3) PROPOSITIO DE DUOBUS PROFICISCENTIBUS VISIS CICONIIS.

Duo viri ambulantes per viam videntes ciconias dixerunt inter se: Quot sunt? Qui
conferentes numerum dixerunt: Si essent aliae tantae et ter tantae et medietas tertii, adiectis
20 duabus C essent. Dicat, qui potest, quantae fuerunt, quae imprimis ab illis visae sunt.

_17—20:_ $ABM_1M_2ORSVWab$, _om._ CMR_1
17 inscr. om. M_2RSVW, DE DVOBVS PROFICISCENTIBVS A, Propositio. De duobus proficiscentibus a, De duobus proficiscentibus visis ciconijs b, ITEM ALIA PROPOSITIO DE DUOBUS PROFICISCENTIBUS UISIS CYCONIIS O / 18 viri] homines Aa / ambulantes] ambulaverunt S / videntes] videntesque Aa, cum vidissent B / cyconias M_2OW, cicunias R / inter se] intra se AM_2S, ad invicem B / 19 numerum] intra _add._ S / essent aliae tantae] bis tantae essent quantum nunc sunt M_1 / tantae (1.)] tot BV / ter] tercie S, etiam b / tantae (2.)] tot BV / tertii] tercie S, tanta R / 20 duobus Aa / essent] fuissent M_1Sb / quantae] quot BOV / fuerunt] fuerint M_2 / imprimis] primis RWb, primum BM_2, primo (_post_ illis) M_1, primitus V, prius O / illo B

21 SOLUTIO DE CICONIIS.

XXVIII et XXVIII et tertio sic fiunt LXXXIIII, et medietas tertii fiunt XIIII. Sunt in
totum XCVIII. Adiectis duabus C apparent.

_21—23:_ $ABM_1M_2ORSVWab$, _om._ CMR_1
21 inscr. om. M_2SV, SOLVTIO OW(?), ALIA M_1b, R' R / 22 XXVIII (1.) — fiunt (1.)] Ter viginti octo faciunt B / XXVIII (1.)] fuerunt XXVIII M_2 / XXVIII (2.)] XVIII a / LXXXIII S / et medietas] medietas vero B / tertii] terci(a)e M_1ORSWb / tertii fiunt] viginti octo sunt B / Sunt] ergo _add._ B / in] per M_2 / 23 duobus Aa / apparent centum BM_2

(4) PROPOSITIO DE HOMINE ET EQUIS IN CAMPO PASCENTIBUS.

25 Quidam homo videns equos pascentes in campo optavit dicens: Utinam fuissetis mei,
et essetis alii tantum, et medietas medietatis: certe gloriarer super equos C. Discernat, qui
vult, quot equos imprimis vidit ille homo pascentes.

_24—27:_ $ABCM_1M_2ORR_1SVWab$, _om._ M
24 inscr. om. M_2RR_1SVW, PROPOSITIO DE HOMINE ET EQUIS Aa, Proposicio C / PROPOSITIO _om._ b / CAMPIS O / 25 homo] ut _add._ B^1 / videns CSV] vidit $ABM_1M_2ORR_1Wab$ / in campo pascentes RR_1V / campo] et _add._ M_1O / optavit dicens] dixit M_2 / fuissetis] essetis Ra, _corr._ R^1 / 26 tantum] tanti R_1W, tot B / medietatis medietas M_2 / C equos M_2 / equos] illos R_1 / Discernat] Dicat B / 27 vult] potest S / viderit M_2 / homo ille C / pascentes _om._ C

SOLUTIO DE EQUIS.

XL equi erant, qui pascebant. Alii tantum fiunt LXXX. Medietas huius medietatis, id
30 est XX, si addatur, fiunt C.

28—30: $ABCM_1M_2ORSVWab$, om. MR_1
28 inscr. om. M_2SV, SOLVTIO COW, AL' M_1, R' R, De equis b / 29 errant A / pascebantur M_1M_2Ob / tanti W / fiunt] faciunt B, id est S / LXXX] 800 b / huius medietatis] medietatis huius Aa / id — 30 addatur] unum XX^{ti} sic C, si addatur S / 30 addantur B

(5) PROPOSITIO DE EMPTORE IN C DENARIIS.

Dixit quidam emptor: Volo de centum denariis C porcos emere; sic tamen, ut verres
X denariis ematur, scrofa autem V denariis, duo vero porcelli denario uno. Dicat, qui intelligit, quot verres, quot scrofae, quotve porcelli esse debeant, ut in neutris nec superabundet
35 numerus nec minuatur.

31—35: $ABCM_1ORR_1SVWab$, om. MM_2
31 inscr. om. RR_1SVW, PROPOSITIO DE EMPTORE DENARIORUM Aa, PROPOSITIO DE EMPTORE IN DENARIIS B, ITEM PROPOSITIO DE EMPTORE IN DENARIIS C O, De emptore in denarijs centum b, Propositio C / 32 quidem W / emptor] mercator M_1b / ut om. C / verris AM_1OR_1W, verrus BR / 33 X] vel C supr. M_1^1 / scropha S / autem om. VW / denariis (2.) om. CM_1RR_1SVb / vero] autem S / uno denario CM_1RR_1SVb / intellegit $ABRR_1W$, vult C / 34 quot verres om. V / verri B / scrophe S / quotve] quot vero R, quot SV / esse debeant] essent O / in om. R / 34sq. numerus nec superabundet Aa / 35 minuetur A

36 SOLUTIO DE EMPTORE.

Fac VIIII scrofas et unum verrem in quinquaginta quinque denariis, et LXXX porcellos
in XL. Ecce porci XC. In quinque residuis denariis fac porcellos X, et habebis centenarium
in utrisque numerum.

36—39: $ABCM_1ORR_1SVWab$, om. MM_2
36 inscr. om. R_1SV, SOLVTIO COW, AL' M_1, R' R, De centum denarijs b / 37 scrofas VIIII R_1 / et unum verrem] emi B / quinquaginta B, quadraginta B^2 / denariis] et unum verrem precio X denariorum add. B^2 / 38 XL] LX M_1, 60 b, vel XL supr. M_1^1, denariis add. C / Ecce porci XC post numerum (39) hab. M_1 / residuis quinque a / denariis residuis M_1 / fac porcellos] faporcellos R / 39 numerum ante in hab. Ca

40 (6) PROPOSITIO DE DUOBUS NEGOTIATORIBUS C SOLIDOS COMMUNES HABENTIBUS.

Fuerunt duo negotiatores habentes C solidos communes, quibus emerent porcos. Emerunt autem in solidis duobus porcos V volentes eos saginare atque iterum venundare et in
solidis lucrum facere. Cumque vidissent tempus non esse ad saginandos porcos et ipsi eos
45 non valuissent tempore hiemali pascere, temptaverunt venundando, si potuissent, lucrum
facere, sed non potuerunt, quia non valebant eos amplius venundare, nisi ut empti fuerant,
id est, ut de V porcis duos solidos acciperent. Cum hoc conspexissent, dixerunt ad invicem:
Dividamus eos. Dividentes autem et vendentes, sicut emerant, fecerunt lucrum. Dicat, qui
valet, imprimis quot porci fuerunt, et dividat et vendat ac lucrum faciat, quod facere de
50 simul venditis non valuit.

40—50: $ABM_1ORSVWab$, om. CMM_2R_1
40sq. inscr. om. $RSVW$ / PROPOSITIO om. Ab / ITEM PROPOSITIO O / negotiationem b / COMMUNES om. Aa / HABENTIBUS post duobus b, ante C BM_1, om. O / 42 communes om. O / emerent] emerant O, emerunt S / 43 autem om. S / in (1.) del. M_1^1 / solidos duos R / 44 Cumque] Cum S / 44sq. non valuissent eos M_1O / 45 hiemali tempore M_1 / tentavere ab / 46 valebant] valuerunt M_1 / empti] temptati R / 47 ut om. S / Cum] Cumque O / 48 emerunt S / 49 valet] velit M_1 / et (2.) $BORW$] ac M_1Sab / et vendat om. A / ac] et ab / 50 venditis] vendentes R / valuit] potuit V, poterat O, libras XXX add. M_1b

SOLUTIO DE PORCIS.

Imprimis CCL porci erant, qui C solidis sunt comparati, sicut supra dictum est, duobus solidis V porcos: quia sive quinquagies quinos sive quinquies L duxeris, CCL numerabis. Quibus divisis unus tulit CXXV, alter similiter. Unus vendidit deteriores tres 55 semper in solido, alter vero meliores duos in solido. Sic evenit, ut is, qui deteriores vendidit, de CXX porcis XL solidos est consecutus, qui vero meliores, LX solidos est consecutus, quia de inferioribus XXX semper in X solidis, de melioribus autem XX in X solidis sunt venundati. Et remanserunt utrisque V porci, ex quibus ad lucrum IIII solidos et duos denarios facere potuerunt.

$51-59$: $ABM_1ORSVWab$, *om.* CMM_2R_1

51 *inscr. om.* SV, SOLVTIO OW, ALIA M_1, R' R, De communi negocio b | 52 CCL] CL R | solidis sunt] solidī͡s O, solidis b | comparati sunt M_1 | duobus $ABOW$] in duobus M_1RSab, id est duobus V | 53 sive *(1.) om.* A | quinquagies] quinquages W, quiquagies O | quinquies] quinquagies BO | duxeris BOV] dixeris AM_1SWab, *om.* R | numerabis] numeris A | 54 tulit *om.* O | similiter] CXXV *add.* M_1S, 125 *add.* b | vendidit *post* tres O | 55 in *(1.)*] an R | vero *om.* Aa | duos] semper *add.* B | is] his B, hijs S | 56 CXX] CXXX O | solidos *(1.)*] solidum A | consecutus *(1.)*] adeptus M_1Rb | vero — 57 quia *om.* S | LX] quadraginta similiter B, XL O, vel XL *supr.* $M_1{}^1$ | 57 solidis *(1.)*] solidos $BOVW$ | autem XX BM_1RSVb] viginti autem AWa, vero O | solidis *(2.)*] solidos OW | 58 V *om.* S | solidorum b | 59 facere potuerunt] potuerunt facere B, fecerunt W

60 (7) PROPOSITIO DE DISCO PENSANTE LIBRAS XXX.

Est discus qui pensat libras XXX sive solidos DC habens in se aurum, argentum, auricalcum et stagnum. Quantum habet auri, ter tantum argenti; quantum argenti, ter tantum auricalci; quantum auricalci, ter tantum stagni. Dicat, qui potest, quantum unaquaeque species penset.

$60-64$: $ABMM_1ORSVWab$, *om.* CM_2R_1

60 *inscr. om.* $MRSVW$, De disco b | ITEM PROPOSITIO O | 61 auricalchum Aab, aurichalchum W, aurichalcum MR | 62 et *om.* MV | stannum ab | aurum RV | tantum *(1.)*] habet *add.* $RSab$, habet et *add.* M_1 | argenti *(1.)*] argentum RV | quantum argenti *om.* OW | quantum *(2.)*] habet *add.* M_1RSb | argenti *(2.)*] argentum RV | ter *(2.) om.* OV | tantum *(2.)*] habet et *add.* M_1 | 63 auricalci *(1.)* M_1OS] auricalchi $ABM_1{}^1ab$, aurichalci M, aurichalchi W, auricalcum R, auricalcum V | auricalci *(2.)* OS] auricalchi ABM_1ab, aurichalci M, aurichalchi W, aurichalcum R, auricalcum V | stanni ab, stagnum RV | quantum *(2.)*] in *add.* Aa | 63 *sq.* unaquaeque species] unaquaque specie a, unaquaque A | 64 penset $BORSb$] pensat AMM_1VWa

65 SOLUTIO DE DISCO.

Aurum pensat uncias novem. Argentum pensat ter VIIII uncias, id est libras duas et tres uncias. Auricalcum pensat ter libras duas et ter III uncias, id est libras VI et uncias VIIII. Stagnum pensat ter libras VI et ter VIIII uncias, hoc est libras XX et III uncias. VIIII unciae et II librae cum III unciis et VI librae cum VIIII unciis et XX librae cum III unciis adunatae 70 XXX libras efficiunt.

Item aliter ad solidos. Aurum pensat solidos [argenteos] XV. Argentum ter XV, id est XLV. Auricalcum ter XLV, id est CXXXV. Stagnum ter CXXXV, hoc est CCCCV. Iunge CCCCV et CXXXV et XLV et XV, et invenies solidos DC, qui sunt librae XXX.

$65-73$: $ABMM_1ORSVWab$, *om.* CM_2R_1

65 *inscr. om.* MSV, SOLVTIO AWa, De disco b, AL' M_1, R' R | 66 pensat *(1.) om.* O | pensat *(2.) om.* Aa | VIIII uncias] untias VIIII Aa | id] hoc R | libras *om.* M_1 | duas] duo A | 67 tres] ter A | tres uncias] uncias III M_1S, uncias 3 b | auricalcum OSV] Auricalchum AM_1a, Aurichalchum W, aurichalcum $BMRb$ | ter *(1.) om.* S | libras duas] duas libras M | uncias *(2.)*] uncius W | et uncias VIIII] et VIIII uncias Ma, *om.* A | 68 Stannum ab | VIIII uncias] uncias VIIII a | III uncias] uncias III M_1b, III unciae W, Et *add.* b | III] in O | 69 unciis *(3.) om.* S | 71 solidos *(1.)*] solidum Aab | solidos *(2.) om.* O | argenteos om. MSV | id] idem S | 72 auricalcum OSV] Auricalchum AM_1Wa, Aurichalcum $BMRb$ | CXXXV $(1.)$] CXXV MM_1a, corr. M_1^1 | stannum ab, pensabat add. M | CXXXV $(2.)$] centum viginti quinque M | hoc] id MRS | 72sq. Iunge CCCCV om. A | Iunge] ergo add. S | 73 et $(1.)$ om. b | CXXXV] CXXV M | et XV om. M_1, supr. M_1^1 | solidos om. a | DC] DCtos AM_1OVa, 100 b, vel CC supr. M_1^1 | qui] quod AM_1RWb, quot O | sunt librae] fiunt librae V, faciunt libras BMS | XXX om. O

(8) PROPOSITIO DE CUPA.

75 Est cupa una, quae C metretis impletur capientibus singulis modia tria habens fistulas III. Ex numero modiorum tertia pars et sexta per unam fistulam currit, per alteram tertia pars sola, per tertiam sexta tantum. Dicat, qui vult, quot sextarii per unamquamque fistulam cucurrissent.

74—78: $ABMM_1M_2ORR_1SVWab$, om. C
74 inscr. om. MM_2RR_1SVW, ITEM PROPOSITIO DE CUPA O, PROPOSITIO DE CAVPA. VEL CUPA M_1, De cupa b | 75 cuppa R, culpa W, copa M, caupa M_1M_2, cuba V | quae] qui R_1, namque A | metretas b | tria modia B, modios tres MM_1M_2R, ternos modios V | 76 III] tres (ante habens, 75) W | ex modiorum numero. Tercia M_1b | unam] una W | tertia $(2.)$ om. O | 77 sola] solo R | Dicat] nunc add. Aa, ergo add. RR_1S | vult] velit M_2 | quot] quod B | sextaria R

SOLUTIO.

80 Per primam fistulam $\overline{\mathrm{III}}$ DC sextarii cucurrerunt, per secundam $\overline{\mathrm{II}}$ CCCC, per tertiam $\overline{\mathrm{I}}$ CC.

79—81: $ABMM_1ORR_1SVWab$, om. CM_2
79 inscr. om. MR_1SV, SOLVTIO DE CVPA B, R' R, AL' M_1, De cuppa b | 80 fistula W | secundum a, secunda O | $\overline{\mathrm{II}}$ CCCC] 1400 b | 81 $\overline{\mathrm{I}}$ CC] $\overline{\mathrm{II}}$ CC W, hoc sunt sextarii $\overline{\mathrm{VII}}$ CC^{ti} add. R

(9) PROPOSITIO DE SAGO.

Habeo sagum habentem in longitudine cubitos C et in latitudine LXXX. Volo exinde per portiones sagulos facere, ita ut unaquaeque portio habeat in longitudine cubitos V et in 85 latitudine cubitos IIII. Dic, rogo, sapiens, quot saguli exinde fieri possint.

82—85: $ABMM_1ORSVWab$, om. CM_2R_1
82 inscr. om. $MRSVW$, ITEM PROPOSITIO DE SAGO O, De sago b | 83 Habeo — habentem] Est mihi sagus habens M | cubitus S | latitudine] longitudine b | 84 per om. BV | sagulorum B, singulos A, om. V | ita om. W | habeat] habeo S | in longitudine om. M | V] senos S | 85 cubitos om. BS | IIII] III A, ut sufficiat ad tunicam consuendam add. S | Dic — saguli] Dicat qui potest quot invicem S | rogo] ergo M_1Ob | quot] quod B | exinde] inde M | possunt R

86 SOLUTIO.

De quadringentis octogesima pars V sunt et centesima IIII. Sive ergo octogies V sive centies IIII duxeris, semper CCCC invenies. Tot sagi erunt.

86—88: $ABMM_1ORSVWab$, om. CM_2R_1
86 inscr. om. MSV, SOLVTIO DE SAGO B, De sago b, R' R, AL' M_1 | 87sq.: Iunge duas longitudines sagi istius, et fiunt CC. Iunge duas latitudines, et fiunt CLX. Duc mediam de ducentis, et fiunt C. Similiter et de CLX duc mediam, et fiunt LXXX. Et quia unumquodque sagum debet habere in longitudine cubitos V et in latitudine IIII, duc quintam partem de C et fiunt XX, et quartam de LX $(!)$, fiunt similiter XX. Duc ergo vicies vicenos et fiunt CCCC^{ti}. Tot siquidem sagi exinde cubitorum longitudinis V et latitudinis IIII fieri possunt. R $(cf. p. 30)$ | 87 quadragintis M_1W, vel dringentis supr. M_1^1 | V sunt] sunt V M | et] C add. S, de add. M_1b, de del. M_1^1 | IIII] quarta W, III O | octogies Wb] octoagies BM_1OSV, octuagies AMa | 88 IIII] quater BW | duxeris] dixeris M_1Sb | invenies. Tot om. M | saga fuerunt M_1 | erant O

50

(10) PROPOSITIO DE LINTEO.

90 Habeo linteamen unum longum cubitorum LX, latum cubitorum XL. Volo ex eo portiones facere, ita ut unaquaeque portio habeat in longitudine cubitos senos et in latitudine quaternos, ut sufficiat ad tunicam consuendam. Dicat, qui vult, quot tunicae exinde fieri possint.

89—93: ABMM₁ORVWab, om. CM₂R₁S

89 inscr. om. MRVW, PROPOSITIO DE LINTEAMINE *M₁,* De linteamine *b* | *90* Habeo] Est mihi *M* | linteum *B* | cubitorum *(bis)*] cubitis *M* | XL] LX *OW,* 60 *b* | ex eo] autem exinde *M₁,* exinde *b, om. V* | *91* ita *om. MV* | habat *R* | et *om. M* | *92* tonicam *A* | consuetam *O* | Dicat — vult] Dic *M* | tonicae *A* | exinde *om. MRV* | *92sq.* fieri possint] possunt fieri *R,* facere possint *W,* erunt *M,* sunt *V*

SOLUTIO.

95 Decima pars sexagenarii VI sunt, decima vero quadragenarii IIII sunt. Sive ergo decimam sexagenarii sive decimam quadragenarii decies miseris, centum portiones VI cubitorum longas et IIII cubitorum latas invenies.

94—97: ABMM₁ORSVWab, om. CM₂R₁

94 inscr. om. MSVb, SOLVTIO DE LINTEO *B,* R' *R,* AL' *M₁* | *95—97:* Iunge duas longitudines huius linteaminis, et fiunt CXX. Similiter iunge duas latitudines, et fiunt LXXX. Dic *(!)* mediam de CXX, et fiunt LX, similiter et de LXXX, et XL. Quia igitur unaquaeque tunica debet habere in longitudine cubitos senos et in latitudine quaternos, duc sextam de LX partem, et fiunt XX *(!),* et de XL quartam similiter assume partem, et repperies X. Decies ergo denos si duxeris, centum tunicas sex cubitorum longas et IIII cubitorum latas repperies. *R (cf. p. 30)* | *95* sunt *(2.) om. MS* | *96* sexagenarii — decimam *om. S* | sive] seu *M* | miseris] duxeris *M* | centum] hae *M* | *97* longas] longe *M* | latas] lates *A,* late *M* | invenies] incunctanter. et absque dubio provenient *M*

(11) PROPOSITIO DE DUOBUS HOMINIBUS SINGULAS SORORES ACCIPIEN-
TIBUS.

100 Si duo homines ad invicem alter alterius sororem in coniugium sumpserit, dic, rogo, qua propinquitate filii eorum sibi pertineant.

98—101: ABMM₁OR₁SVab, om. CM₂RW

98 inscr. om. MR₁SV | PROPOSITIO] ITEM PROPOSITIO *O, om. Ab* | SINGULAS *om. Aa* | SINGULAS SORORES] ALTER ALTERIVS SOROREM *M₁b* | *100* sumpserit in coniugium *O* | sumpserint *S* | rogo] ergo *O, om. M* | *101* eorum *om. M* | sibi *om. B* | pertineant] vel coniungantur *add. M₁* | *solutionem add. AR₁a:* SOLUTIO EIUSDEM. Verbi gratia. Si ego accipiam sororem socii mei et ille meam et ex nobis procreentur (filii *add. a*), ego denique sum patruus filii sororis meae et illa amita filii mei, et ea propinquitate sibi invicem pertinent. *Aa,* Filius igitur meus et filius sororis meae oquolibet *(!)* generat consobrincrite vocantur. *R₁*

(11a) PROPOSITIO DE DUOBUS HOMINIBUS SINGULAS MATRES ACCIPIEN-
TIBUS.

Si duo homines alter alterius matrem similiter in coniugium sumpserit, quali cognatione
105 filii eorum sibi coniungantur.

102—105: BMM₁OR₁SVb, om. ACM₂RWa

102 inscr. om. MR₁SV, De duobus hominibus alter alterius matrem accipientibus *b* | PROPOSITIO] ITEM PROPOSITIO *O* | *104* Si *om. R₁* | similiter *om. MR₁V* | in *om. b* | sumpscrint *M'S,* sumpserunt *R₁,* dic ergo *add. O* | quali] qua *MV* | *105* sibi] si *O, om. M* | coniunguntur *M₁V,* pertineant *M* | *solutionem add. R₁:* Filius igitur meus et filius matris mec avunculi et nepotes sunt.

106 **(11b) PROPOSITIO DE PATRE ET FILIO ET VIDUA EIUSQUE FILIA.**

Si relictam vel viduam et filiam illius in coniugium ducant pater et filius, sic tamen, ut filius accipiat matrem et pater filiam, filii, qui ex his fuerint procreati, dic, quaeso, quali cognatione sibi iungantur.

> *106—109:* BMM_1OR_1SVb, *om.* ACM_2RWa
> *106 inscr. om.* MR_1SV, De patre et filio matrem et eius filiam accipientibus b | PROPOSITIO] ITEM PROPOSITIO O | ET FILIO *om.* B | *107* vel *om.* R_1S | et *(1.)*] vel M_1, *corr.* $M_1{}^1$ | illius] ipsius R_1 | ducant in coniugium M | ducant *om.* S | sic — *108* filius *om.* O | *108* his] eis OSV | procreati fuerint S | dic *om.* MR_1V | quaeso *om.* MV | quali — *109* iungantur] quomodo sunt propinqui M | *109* sibi iungantur] subiungantur M_1b, *corr.* $M_1{}^1$ | iunguntur S | *solutionem add.* R_1: Filius igitur meus et filius patris mei avunculus et nepos est unus alteri.

110 **(12) PROPOSITIO DE QUODAM PATREFAMILIAS ET TRIBUS FILIIS EIUS.**

Quidam paterfamilias moriens dimisit in hereditate tribus filiis suis XXX ampullas vitreas, quarum decem fuerunt plenae oleo, aliae decem dimidiae, tertiae decem vacuae. Dividat, qui potest, oleum et ampullas, ut unicuique eorum de tribus filiis aequaliter obveniat tam de vitro quam de oleo.

> *110—114:* $ABMM_1ORSVWab$, *om.* CM_2R_1
> *110 inscr. om.* $MRSVW$ | PROPOSITIO] ITEM PROPOSITIO M_1O, *om.* b | QUODAM *om.* b | EIUS] SUIS O, *corr.* O^1 | *111* divisit b | in hereditate] in hereditatem AV, haereditatem a, hereditate R, *corr.* R^1, *om.* M | *112* plenae fuerunt MM_1W | aliae decem] X aliae O, decem V | tertiae] et aliae W, Aliae V | *113* oleum *post* Dividat S | de — *114* tam] equa veniat portio W | filiis] suis *add.* S | obtineat R, *corr.* R^1 | *114* tam . . . quam] quam . . . tam S | vitreo M_1b, *corr.* $M_1{}^1$ | quam] et *add.* BRS

115 **SOLUTIO.**

Tres igitur sunt filii et XXX ampullae. Ampullarum autem quaedam X sunt plenae et X mediae et X vacuae. Duc ter decies, fiunt XXX. Unicuique filio veniunt X ampullae in portionem. Divide autem per tertiam partem, hoc est, da primo filio X semi⟨plena⟩s ampullas, ac deinde da secundo V plenas et V vacuas, similiterque dabis tertio, et erit trium aequa 120 germanorum divisio tam in oleo quam in vitro.

> *115—120:* $ABMM_1ORSVWab$, *om.* CM_2R_1
> *115 inscr. om.* MSV, SOLVTIO DE PATRE ET FILIIS EIVS TRIBVS B, De ampullis relictis b, $R'R$, AL' M_1 | *116* ampullae] pullae A | quaedam] id est *add.* O | plenae] mediae O, vacuae M | et *(2.) om.* O | *117* mediae] plenae O, sunt mediae M_1 | vacuae] plenae M | Duc — *118* portionem *om.* M | veniunt] eveniunt RV | *118* portione R | autem *om.* BV | hoc est *om.* M | semiplenas M] semiplenos S, SV, semis ABM_1ORWab | *119* ac — secundo] Secundo autem M | plenas] pleno O | V *(2.) om.* A | vacuas] et *add.* M | similiter MVa | dabis] dabit W, *om.* M | *119 sq.* germanorum aequa MR | *120* geminorum BV | divisio germanorum W | quam] et *add.* ABM_1SWb | vitro] XVI *add.* M_1

(13) PROPOSITIO DE REGE ET DE EIUS EXERCITU.

Quidam rex iussit famulo suo colligere de XXX villis exercitum eo modo, ut ex unaquaque villa tot homines sumeret quotquot illuc adduxisset. Ipse tamen ad primam villam solus venit, ad secundam cum altero; iam ad tertiam tres venerunt. Dicat, qui potest, quot 125 homines fuissent collecti de his XXX villis.

> *121—125:* $ABMM_1ORSVWab$, *om.* CM_2R_1
> *121 inscr. om.* $MRSVW$, PROPOSITIO DE REGE Aa, PROPOSITIO DE REGE ET DE (DE *om.* B) EIVS EXERCITV IN XXX VILLIS COLLECTO BM_1, De rege et eius exercitu in triginta villis collecto b, ITEM PROPOSITIO DE REGE QUODAM ET DE EIUS EXERCITUS IN XXX UILLIS COLLECTIO O | *122* colligere *post* villis M_1Vb | *123* villa *om.* M_1O | quotquot] quot S | tamen] tunc W, autem V | villam primam Aa | *124* venit *post* primam *(123)* B | iam *om.* MS | iam — venerunt *om.* W | tres] 4 S | potest] velit M_1 | *125* homines *om.* M | collecti *post* villis $BMORSV$ | collecti — villis *om.* W | his *om.* ASa | villis] postremo *add.* M

SOLUTIO.

In prima igitur mansione duo fuerunt, in secunda IIII, in tertia VIII, in quarta XVI, in quinta XXXII, in sexta LXIIII, in septima CXXVIII, in octava CCLVI, in nona DXII, in decima I XXIIII, in undecima $\overline{\text{II}}$ XLVIII, in duodecima $\overline{\text{IIII}}$ XCVI, in tertia decima $\overline{\text{VIII}}$
130 CXCII, in quarta decima $\overline{\text{XVI}}$ CCCLXXXIIII, in quinta decima $\overline{\text{XXXII}}$ DCCLXVIII, in sexta decima $\overline{\text{LXV}}$ DXXXVI, in septima decima $\overline{\text{CXXXI}}$ LXXII, in octava decima $\overline{\text{CCLXII}}$ CXLIIII, in nona decima $\overline{\text{DXXIIII}}$ CCLXXXVIII, in vicesima mille milia $\overline{\text{XLVIII}}$ DLXXVI, in vicesima prima bis mille milia $\overline{\text{XCVII}}$ CLII, in vicesima secunda quater mille milia $\overline{\text{CXCIIII}}$ CCCIIII, in vicesima tertia octies mille milia $\overline{\text{CCCLXXXVIII}}$ DCVIII, in vicesima
135 quarta XVI mille milia $\overline{\text{DCCLXXVII}}$ CCXVI, in vicesima quinta XXXIII mille milia $\overline{\text{DLIIII}}$ CCCCXXXII, in vicesima sexta LXVII mille milia $\overline{\text{CVIII}}$ DCCCLXIIII, in vicesima septima CXXXIIII mille milia $\overline{\text{CCXVII}}$ DCCXXVIII, in vicesima octava CCLXVIII mille milia $\overline{\text{CCCCXXXV}}$ CCCCLVI, in vicesima nona DXXXVI mille milia $\overline{\text{DCCCLXX}}$ DCCCCXII, in tricesima villa milies LXXIII mille milia $\overline{\text{DCCXLI}}$ DCCCXXIIII.

<hr>

126—139: $ABMM_1ORSVWab$, om. CM_2R_1
126 inscr. om. MSV, SOLVTIO DE TRIGINTA VILLIS B, SOLVTIO SVPRADICTE A, De exercitu in 30 villis collecto b, R' R, AL' M_1 / 127—139: b praebet tabulam numerorum verbis In villa ... fuerunt collecti milites ... additis / 127 primi M / igitur om. MRV / duo fuerunt] fuerunt duo. ipse et quem ibi accepit M / in (3.) — 139: quod si summam omnium vis invenire, numerum villarum in unum dispone, et alternatim dispositos per duplicem numerum debes multiplicare, et sic multiplicatis videbis et miraberis summam rite coaugmentatam in unum redundare. M / XVI] XII O / 128 LXIIII] XLIIII B / 129 $\overline{\text{IIII}}$ XCVI] $\overline{\text{IIII}}$ CXV W / in (3.) — $\overline{\text{VIII}}$ CXCII om. a / 130 CXCII] CXII B, CCCII O / CCCLXXXIIII] CCCLXXXII $M_1{}^1O$, CCCCLXXXIIII R / $\overline{\text{XVI}}$ — 131 DXXXVI] ///// In sexta decima $\overline{\text{XVI}}$ CCCLXXXIIII W / in (3.) — 139 DCCCXXIIII] &c. a / 131 $\overline{\text{LXV}}$ DXXXVI, in septima decima om. O / $\overline{\text{CXXXI}}$ LXXII] vel $\overline{\text{II}}$ XXII supr. $M_1{}^1$ / 132 CXLIIII] CLIIII W, om. A / $\overline{\text{XLVIII}}$] $\overline{\text{XVIII}}$ O, om. S / DLXXVI] DLXXV W, CCCLXXVI S, om. A / 133 $\overline{\text{XCVII}}$] XCVII AM_1, XCVIII R, XCIII B, om. S / quater — 134 CCCIIII] 4 194 214 b / quater] quatuor M_1 / mille (2.) om. B / 134 $\overline{\text{CXCIIII}}$ om. S / CCCIIII] CCCCIIII R / octies — DCVIII] 8 388 428 b / $\overline{\text{CCCLXXXVIII}}$ DCVIII] CCCLVIII.DCVIII W, et DC et $\overline{\text{VIII}}$ S / 135 XVI — CCXVI] 16 776 856 b, $\overline{\text{XVI}}$ milia mille DCCLXXVII CCXVI A, XVI mille milia DCCLXXVII.CCXVII R, XVI mille milia DCCLXXVII CCVI B, XVII mille millia et C et XVI S / mille (1.)] milia O / vicesima quinta] viginti quinque B, corr. B^1 / XXXIII — 136 CCCCXXXII] 33 553 712 b, $\overline{\text{XXXIII}}$ DLIII CCCCXXXII B, XXX mille milia DCIIII.CCCCXXXII R, XXXIII mille milia DCIIII (vel DLIIII supr. $M_1{}^1$) CCCCXXXII M_1, XXXIIII mille millia et CC et XXXII S / 136 CCCCXXXII] CCCCXXXIII W / LXVII — DCCCLXIIII] 67 107 424 b / LXVII] LXVI BO, LXIIII A, $\overline{\text{LXVI}}$ M_1, vel $\overline{\text{VII}}$ supr. $M_1{}^1$, LXVIII S / $\overline{\text{CVIII}}$] CVIII A, CVIIII BM_1, $\overline{\text{VIII}}$ supr. $M_1{}^1$, om. S / DCCCLXIIII] DCCCCLXIIII R, et CCCC et LXIIII S / 137 CXXXIIII — DCCXXVIII] 134 214 848 b / CXXXIIII mille milia] CXXXIII $\overline{\text{M}}$ W, C mille millia et XXXVII mille millia S / $\overline{\text{CCXVII}}$] CCXIII B, om. S / DCCXXVIII] DCCCXXVIII R, et XXVIII S / CCLXVIII — 138 CCCCLVI] 268 429 696 b / 137sq. CCLXVIII mille milia] CLXVIII mille milia A, CC mille millia et LXXIIII mille millia S / 138 $\overline{\text{CCCCXXXV}}$] CCCXXXV A, CCCC V O, om. S / CCCCLVI] CCCLVI A, et LVI S, vel CCC supr. $M_1{}^1$ / DXXXVI — 139 DCCCCXII] 536 859 392 b / DXXXVI mille milia] D mille milia et XLVIII mille milia S / $\overline{\text{DCCCLXX}}$] DCCCC LXX O, DCCCC^{es}LXX (vel DCCCC supr. $M_1{}^1$) DCCCCLXX M_1, om. S / 139 DCCCCXII] et CXII S / villa om. M_1RS, supr. $M_1{}^1$ / milies] miles A / milies — milia] milies LXXII $\overline{\text{M}}$. milia O, milies mille milia et XCVI mille milia S / milies — DCCCXXIIII] 1 073 718 184 b / $\overline{\text{DCCXLI}}$] DCCXLII M_1, om. S / DCCCXXIIII] DCCCCXXIIII OR, DCCC.XXXIII M_1, et CC et XXIIII S

140 (14) PROPOSITIO DE BOVE.

Bos qui tota die arat, quot vestigia faciat in ultima riga?

<hr>

140sq.: $ABM_1ORSVWab$, om. CMM_2R_1
140 inscr. om. RSVW, De bove b / 141 aratur M_1Rb / facit OV

SOLUTIO.

Nullum omnino vestigium bos in ultima riga facit, eo quod ipse praecedit aratrum et hunc aratrum sequitur. Quotquot enim hic praecedendo inexculta terra vestigia figit, tot
145 illud subsequens excolendo resolvit. Propterea illius omnino nullum reperitur in ultima riga vestigium.

<hr>

142—146: $ABM_1ORSVWab$, om. CMM_2R_1
142 inscr. om. SV, SOLVTIO DE BOVE B, De vestigijs boum b, R' R, AL' M_1 / 143 omnino] enim A / bos vestigium M_1b / facit ante bos Aa / 144 enim] et add. R, om. W / praebendo O, om. M_1 / inexculta terra] in exultra terra B, in cultura S / figit] facit BM_1b / 145 illud] ille $ABM_1ORVWab$, id S / resolvitur b / illius] id S / omnino om. a / reperitur nullum A / repperitur BORW, invenitur M_1, id est add. b / 146 vestigium ante in (145) Aa

147 (15) PROPOSITIO DE HOMINE.

Quaero a te, ut dicas mihi, quot rigas factas habeat homo in agro suo, quando de utroque capite campi tres versuras factas habuerit.

<hr>

147—149: $ABMM_1ORSVWab$, om. CM_2R_1
147 inscr. om. BMRSVW, ITEM PROPOSITIO DE HOMINE M_1, De homine b / 148 Quaero — mihi om. SV / Queso R / a] ad M / facta b / habeat om. O / homo] hoc modo O, post rigas M_1b / suo om. R / 149 campi om. BS / factas] ex omni circuicione add. M

150 SOLUTIO.

Ex uno capite campi III, ex altero III, quae faciunt rigas versuras VII.

<hr>

150sq.: $ABM_1ORSVWab$, om. CMM_2R_1
150 inscr. om. SV, ITEM SOLVTIO B, De rigis quas facit homo b, R' R, AL' M_1 / 151 capite om. OS / campi III] capita tria B / campo O / ex (2.)] et ex M_1Sb / III (2.) om. b / quae] qui R, corr. R^1 / rigas om. R, atque add. O / versuras] versuras/suras B, sunt add. S / VII] VI ARa, om. W

(16) PROPOSITIO DE DUOBUS HOMINIBUS BOVES DUCENTIBUS.

Duo homines ducebant boves per viam, e quibus unus alteri dixit: Da mihi boves duos, et habebo tot boves, quot et tu habes. At ille ait: Da mihi, inquit, et tu duos boves, et habebo
155 duplum quam tu habes. Dicat, qui velit, quot boves fuerunt, quot unusquisque habuit.

<hr>

152—155: $ABCMM_1ORSVWab$, om. M_2R_1
152 inscr. om. MRSVW, Propositio C / PROPOSITIO om. b / 153 e] ex CM_1OS / unus om. W / dixit alteri CSb, dicebat alteri M_1 / 154 habebo (1.) B^1CMM_1Wb] habeo ABORSVa / habes om. M_1 / At] Et W / ille ait] alius respondit C / inquit om. CMVa / tu (2.)] mihi add. C / boves duos M_1b / habebo (2.)] habeo AORSVa / 155 quam tu] quantu B, corr. B^1, quantum tu CS / velit] vult ACMa / fuerunt] et W, om. M / quot (2.)] quod b, quos B, om. M / unusquisque] inprimis quisque M

SOLUTIO.

Prior, qui dari sibi duos rogavit, boves habebat IIII. At vero, qui rogabatur, habebat VIII. Dedit quippe rogatus postulanti duos, et habuerunt uterque sex. Qui enim prior acceperat, reddidit duos danti priori, qui habebat sex, et habuit VIII, quod est duplum a quattuor,
160 et illi remanserunt IIII, quod est simplum ab VIII.

<hr>

156—160: $ABCMM_1ORSVWab$, om. M_2R_1
156 inscr. om. MSV, SOLVTIO DE HOMINE BOVES DVCENTE B, De bove ducto b, R' R, AL' M_1 / 157 sibi dari M / duos] dari sibi C / boves rogavit M / quatuor habebat boves C / vero om. MV / qui rogabatur] alius C / 158 VIII] VII O / Dedit quippe] deditque prope O, Deditque C / Dedit — rogatus] rogatur a R / habuerunt] habebat S / utrique M / enim] autem M / prior] prius Aa, propior b / acceperat] qui add. O / 159 reddit C / danti duos M / dandi b, dati B / priori om. M / habuit] habebat C / duplum post quattuor M / 160 et — IIII om. C / illi] illae M_1, corr. $M_1{}^1$, sibi R / IIII om. O / est om. R / simplum ab VIII] ab octo indubitanter simplum M

(17) PROPOSITIO DE TRIBUS FRATRIBUS SINGULAS HABENTIBUS SORO-RES.

Tres fratres erant, qui singulas sorores habebant et fluvium transire debebant. Erat enim unicuique illorum concupiscentia in sorore proximi sui. Qui venientes ad fluvium non in-
165 venerunt nisi parvam naviculam, in qua non poterant amplius nisi duo ex illis transire. Dicat, qui potest, qualiter fluvium transierunt, ut ne una quidem earum ex ipsis maculata sit.

161–166: *ABMM₁ORSVWab*, *om. CM₂R₁*
161 *inscr. om. MRSVW*, De duobus fratribus singulas sorores habentibus *b* / PROPOSITIO *om. A* / TRIBUS] DVOBVS *M₁b*, *corr. M₁¹* / SORORES] CORONAM *A* / SORORES HABENTIBVS *BM₁b* / 163 Tres] igitur *add. M₁Rb* / erant] fuerunt *MOV* / debebant] volebant *M* / Erat enim] et erat *M* / enim] autem *M₁* / 164 sororem *S* / 165 poterant] potuerunt *a* / nisi *(2.)*] quam *S* / transire] simul intrare *M* / 166 transierunt] transirent *O* / ut] et *(?) O*, *om. a* / una — ipsis] una ex illis quidem earum *M₁*, *corr. M₁¹* / quidem *om. S* / earum] illarum *MW*, ipsarum *S* / ex ipsis *post* sit *S* / ex — sit] corrumpatur *M* / ipsis] illis *M₁* / muculata *O*

SOLUTIO.

Primo omnium ego et soror mea introissemus in navem et transfretassemus ultra, trans-fretatoque fluvio dimisissem sororem meam de navi et reduxissem navem ad ripam. Tunc
170 vero introissent sorores duorum virorum, illorum videlicet, qui ad litus remanserant. Illis itaque feminis navi egressis soror mea, quae prima transierat, intraret ad me navemque re-duceret. Illa egrediente foras duo in navem fratres intrassent ultraque venissent. Tunc unus ex illis una cum sorore sua navem ingressus ad nos transfretasset. Ego autem et ille, qui navigaverat, sorore mea remanente foris ultra venissemus. Nobisque ad litora vectis una ex
175 illis duabus quaelibet mulieribus ultra navem reduceret, sororeque mea secum recepta pariter ad nos ultra venissent. Et ille, cuius soror ultra remanserat, navem ingressus eam secum ultra reduceret. Et fieret expleta transvectio nullo maculante contagio.

167–177: *ABMM₁ORSVWab*, *om. CM₂R₁*
167 *inscr. om. MSV*, SOLVTIO DE TRIBVS FRATRIBVS SINGVLIS SOROREM HABENTIBVS *B*, De sororibus *b*, R' *R*, AL' *M₁* / 168 Primum *B* / mea] cum *add. M₁* / navim *MM₁Vb* / in — transfretas-semus *om. O* / transfretavissemus *M*, transfretamus *A* / transfretatoque] transfretoque *A* / 169 meam *om. b* / navi] nave *Aa* / reduxi *M₁V*, *corr. M₁¹* / navem] navim *MM₁Ob* / 170 vero — 172 Tunc *om. O* / virorum duorum *M* / videlicet] scilicet *R* / qui] quae *B* / remanserunt *M* / 170sq. remanserant illis. Itaque *B* / 171 itaque] igitur *a* / feminis] de *supr. M₁¹* / quae — transierat *om. A* / ad me *om. ASa*, *post* navemque *M* / navemque] in navem quae *W*, in navem et *S*, navimque *b* / reduceret] ad nos *add. Aa* / 172 foras *om. S* / navem] navim *M₁*, navi *BMRb*, nave *W* / fratres] *post* duo *S*, cum *supr. M₁¹* / ultraque] utraque *W*, ultra quae *B* / 173 sua *om. S* / navim *MM₁OWb*, navi *BR* / ingressi *Aa* / ad] ut ad *O* / transfretassent *Aa*, transfretaret *O* / autem *om. b* / 174 sorore] soror *O*, cum sorore *S* / mea] cum sua *add. S* / foras *Aa* / nobisque . . . vectis *SW*] Nosque . . . vectos *ABMM₁ORab* / litora] littera *a* / 175 illis] ex *add. M₁* / duabus quaelibet] quibuslibet *S* / ultra navem] navim ultra *M₁* / navem] navim *M₁b*, navigare *O*, *om. S* / redu-ceret — 176 venissent] venissent *M₁*, reduceret *M₁¹* / sororeque] soror aeque *b* / 176 venisset *M* / Et — 177 reduceret *om. R* / navem] navim *MM₁Ob*, navi *BVW*, *corr. B¹* / eam] eamque *W* / ultra *(3.)*] ultro *O*, *om. ASVa*, *post* eam *B* / 177 Et — contagio] Tali (talis *S*) igitur sicque (sicque sicque *S*) sollicitante studio facta est navigatio nullo fuscante inquinationis (nec inquinante *S*) contagio *M₁RSb* / expleta *om. M* / transvectio] navigatio *B*, *corr. B¹* / nullam *M* / contagio] XX *add. M₁*

(18) PROPOSITIO DE LUPO ET CAPRA ET FASCICULO CAULI.

Homo quidam debebat ultra fluvium transferre lupum et capram et fasciculum cauli,
180 et non potuit aliam navem invenire, nisi quae duos tantum ex ipsis ferre valebat. Praeceptum itaque ei fuerat, ut omnia haec ultra omnino illaesa transferret. Dicat, qui potest, quomodo eos illaesos ultra transferre potuit.

178–182: *ABCMM₁ORSVWab*, *om. M₂R₁*
178 *inscr. om. MRSVW*, PROPOSITIO DE HOMINE ET CAPRA ET LUPO *Aa*, Propositio *C* / PROPOSITIO *om. b* / FASCULO *M₁* / 179 debebat] habebat *W* / ultra] quidem *add. O* / transferre

$CM_1{}^1a$] transire $ABMM_1ORSVWb$ | et *(1.)* *om.* AMa | capram — cauli] fasciolum (fasciculum *a*) cauli et
capram M_1a | fasciculam *C*, fassiculum *W* | caulis *M*, secum ducens *add.* *S* | 180 navim M_1O | invenire
post valebat M_1, *corr.* $M_1{}^1$ | duos] duo *O*, *om.* *A* | ex ipsis] ex illis *M*, ex eis *O*, *om.* *S* | 180*sq.* Praeceptum
itaque] Preceptumque *B* | 181 ultra *om.* *MV* | inl(a)esa omnino *Aa*, inl(a)esa *RSV* | omnino *post* transiret
M | transferret AM_1Sa] transiret *MORVWb*, transirent *C*, transponeret *B* | potest] vult *C* | 182 eis inl(a)esis
Aa | eos *om.* *C* | ultra *om.* *Aa*, fluvium *add.* *MS*, flumen *add.* *C* | transferre *BCS*] transire *AMORWa* |
transferre potuit] transiret *b*, transferret M_1 | potuerit *R*

SOLUTIO.

Simili namque tenore ducerem prius capram et dimitterem foris lupum et caulum. Tum
185 deinde venirem lupumque ultra transferrem, lupoque foras misso rursus capram navi re-
ceptam ultra reducerem, capraque foras missa caulum transveherem ultra, atque iterum
remigassem, capramque assumptam ultra duxissem. Sicque faciente facta erit remigatio
salubris absque voragine lacerationis.

183—188: $ABCMM_1ORSVWab$, *om.* M_2R_1
183 *inscr. om.* MM_1SV, SOLVTIO DE LVPO ET CAPRA ET FASCICVLO CAVLI *B*, De lupo et
capra *b*, R' *R* | 184 Simili — prius] Primo ducam *C* | namque *om.* *M* | ducere *W* | dimittam *C* | foris
om. *CV* | caulem *OV*, caules *M* | Tum] Tunc M_1RSb, *om.* *CV* | 185 veniam *C* | ultra] inde *O*, *om.*
ACa | transferrem *ABa*] transferam *C*, transirem MM_1ORSWb | lupoque] lupo quoque *BORW* | foras
BCRSW] foris AMM_1Oab | misso] dimisso *C* | rursus CM_1] rursum *S*, rursusque *BMWb*, rursumque *OR*,
om. *Aa* | capra … recepta *BV* | navi] in navem *C*, in navim *S* | receptum *C* | 186 reducam *C* | capraque
CMS] capra *V*, capramque ABM_1ORWab | foras *BCSWb*] foris AMM_1ORa | missa *CMSVW*] missam
ABM_1ORab | caulem *O*, caules *M* | transveherem] transferam *C*, transferentem *S* | atque] et *V*, ut ultra
C | 187 remigrassem *M*, remigarem *B*, remigavi *V*, remigam *C* | capramque — duxissem *om.* *OV* | Ca-
pram *R* | ducerem *B*, ducam *C* | faciente AM_1OWb] facienti $M_1{}^1S$, facientem *R*, faciendo *BMa*, *om.* *C* |
facta *post* remigatio *C* | facta erit] esset sane *R* | erit] est *S* | 188 voragione *O*

(19) PROPOSITIO DE VIRO ET MULIERE PONDERANTIBUS PLAUSTRUM.

190 De viro et muliere, quorum uterque pondus habebat plaustri onusti, duos habentes
infantes inter utrosque plaustrali pondere pensantes flumen transire debuerunt. Navem inve-
nerunt, quae non poterat ferre plus nisi unum pondus plaustri. Transfretari faciat, qui se
putat posse, ne navis mergatur.

189—193: $ABMM_1ORSVWab$, *om.* CM_2R_1
189 *inscr. om.* *MRSVW* | PROPOSITIO *om.* *Ab* | PONDERANTIBUS PLAUSTRUM *om.* *B* |
PLAUSTRUM *O*] ONVS PLAVSTRI ONVSTI M_1, plaustri pondus onusti *ab*, *om.* *A* | 190 De — muliere]
Vir et mulier *M* | pondus habebat] pensabat pondus *M* | habebat] pondus *add.* *O*, *om.* *A* | honusti M_1S |
duos — 191 infantes] habentes pueros duos *M* | 191 inter] duos *R* | plaustrali] plaustri *OSW* | plaustrali —
pensantes] pensantes plaustrale pondus *M* | flumen] frumenti *O*, fluvium *ab* | debuerunt] voluerunt. et *M* |
invenerunt navem *M* | Navim *O* | 192 poterant *A*, potuit *S* | plus *om.* BMM_1ORSWb | Transfretari *Aa*]
Transfretare BMM_1OSWb, Tranfretare *R* | faciat] faċ *A* | 193 posse putat *M* | posse *om.* *B* | navis] in
flumine ullo modo *add.* *M*

SOLUTIO.

195 Eodem quoque ordine, ut superius: Prius intrassent duo infantes et transissent, unusque
ex illis reduceret navem. Tunc mater navem ingressa transisset. Deinde filius eius reduceret
navem. Qua transvecta frater illius navem ingressus ambo ultra transissent, rursusque unus
ex illis ad patrem reduceret navem. Qua reducta filio foris stante pater transiret, rursusque
filius, qui ante transierat, ingressus navem camque ad fratrem reduceret, iamque reductam
200 ingrediantur ambo et transeant. Tali subremigante ingenio erit expleta navigatio forsitan
sine naufragio.

194—201: $ABMM_1ORSVWab$, *om.* CM_2R_1
194 *inscr. om.* *MS*, SOLVTIO DE VIRO ET MVLIERE *B*, De pondere plaustri *b*, R' *R*, AL' M_1 |
195 Eodem quoque] Eodemque *S* | ut — Prius *om.* *S* | et *om.* *W* | unusquisque *M* | 196 illis] eis *O* | navem

56

(1.)] navim M_1Ob | matre *B* | ingressa navim *W* | navem *(2.)]* navim MM_1OWb, navi *R*, *om. B* | eius *om. W* | *196sq.* navim reduxisset *M* | *197* navem *(1.)]* navim MM_1Ob | frater — *198* reducta *om. R* | frater illius] illius frater *M*, filius eius *W* | navem *(2.) SW]* navim BMM_1Oab, navi *A* | ambo — transissent] ad matrem redissent *M* | ambo] est ambo / ambo *S* | transirent M_1b | rursumque M_1Ob | unus — *198* rursusque *om. b* | *198* navim reduxisset *M* | navim MM_1OW | filio] eius *add. W* | pater] foris *R* | pater transiret] pertransiret *B* | transiret] transisset *M* | rursusque] rursumque *BO*, Rursus *M* | *199* transierat] transiret *A* | navem M_1S] navim $BMM_1{}^1OWab$, navi *AR* | eamque] eam *B*, *om. M* | reduceret] reducat *ABOW* | reductam *om. M* | *200* Tali] et tali *R* | subremigante] supra migrante *S*, remigante *M* | erit] fiet *R* | erit — *201* naufragio] transibunt cuncti absque naufragio *M* | forsan *BOSW* | forsitan — *201* naufragio *om. R*

202 **(20) PROPOSITIO DE ERICIIS.**

De ericiis masculo et femina habentibus duos natos libram ponderantibus flumen transire volentibus.

202—204: $ABM_1ORSVWab$, *om.* CMM_2R_1

202 inscr. om. $BRSW$, ITEM ALIA DE HYRICIIS M_1, De hiricis *b* | ERICIIS] HERICIIS *O*, HYRICIIS M_1, hiricis *b*, HIRTITIIS *Aa* | *203* De] Item de *B* | ericiis] hericiis BM_1O, hiriciis *R*, iriciis *W*, hiritiis *A*, hiricis *b*, hirtitiis *a*, *om. S* | feminae *W* | habentes M_1 | duos — ponderantibus *bis habet O* | fluvium *Rb*, et flumen *S* | *204* volentibus] cupientibus *R*

205 **SOLUTIO.**

Similiter, ut superius, transissent prius duo infantes, et unus ex illis navem reduceret. In quam pater ingressus ultra transisset, et ille infans unus, qui prius cum fratre transierat, navem ad ripam reduceret. In quam frater illius rursus ingressus ambo ultra venissent, unusque ex illis foras egressus, et alter ad matrem reduceret navem, in quam mater ingressa ultra 210 venisset. Qua egrediente foras filius eius, qui ante cum fratre transierat, navem rursus ingressus eam ad fratrem ultra reduceret. In quam ambo ingressi ultra venissent, et fieret expleta transvectio nullo formidante naufragio.

205—212: $ABM_1ORSVWab$, *om.* CMM_2R_1

205 inscr. om. S, SOLVTIO DE HERICIIS *B*, R' *R*, AL' M_1, Aliud *b* | *206* transsissent *AW* | prius *om. O* | navim M_1OWb | *207* quam] qua M_1ORWb | transisset] transiret *BOS* | unus *om. Aa* | prius] primus *W* | fratre M_1, patre *supr.* $M_1{}^1$ | *208* navem BM_1RS] navim $AM_1{}^1OWab$ | quam] qua BM_1ORWb | rursum *S* | venissent] transissent *O* | unusque] unus *W*, unusquisque *AO*, propterea *add. a*, prope *add. A* | *209* foras *om. S* | egressus] egrediens *(?)* B^1, est *add. S* | et *om. R*, *del.* B^1 | reduceret] et *O* | navem *B(?)* M_1RS] navim *AOWab* | in quam mater] illa *S* | quam] qua videlicet navi *BORWb*, quam videlicet navim M_1 | ingressa] cum filio *add. S* | *210* venissent M_1Sb, veniret *B* | foras *om. S* | fratre] patre *Aa* | navem *S*] navi *AR*, navim BM_1OWab | *211* quam] qua BM_1ORWb | venirent *B* | expleta *om.* M_1, salubris *add.* M_1RSb | *212* formidante] formidine *W*, mortis *add.* M_1RSb | naufragium *BO*

(21) PROPOSITIO DE CAMPO ET OVIBUS IN EO LOCANDIS.

Est campus, qui habet in longitudine pedes CC et in latitudine pedes C. Volo ibidem 215 mittere oves, sic tamen, ut unaquaeque ovis habeat in longitudine pedes V et in latitudine pedes IV. Dicat, rogo, qui valet, quot oves ibidem locari possunt.

213—216: $ABMM_1ORSVWab$, *om.* CM_2R_1

213 inscr. om. MRSVW | PROPOSITIO *om. b* | ET] DE *add. A* | *214* CC] C *V* | et *om. MV* | pedes *(2.) om. M* | *215* ut *om. W* | unaquaque *A* | longitudine M_1ORVb] longo *ABMSWa* | latitudine M_1ORVW] lato *ABMSab* | *216* pedes *om.* M_1Ob | rogo] quaeso *R*, ergo M_1, *om. MS* | valet] vult *M* | ibidem] illic M_1, omnino *add. M* | possunt *BORSVW*] possint AMM_1ab

SOLUTIO.

Ipse campus habet in longitudine pedes CC et in latitudine pedes C. †Duc bis quinquenos de CC†, fiunt XL, ac deinde C divide per IIII. Quarta pars centenarii XXV sunt.
220 Sive ergo XL vicies quinquies, sive XXV quadragies ducti, millenarium implent numerum. Tot ergo oves ibidem collocari possunt.

217–221: $ABMM_1ORSVWab$, om. CM_2R_1

217 *inscr. om.* MSV, SOLVTIO DE CAMPO ET OVIBVS IN EO LOCANDIS B, De campo et ovibus b, AL' M_1, R' R / 218 et *om.* R / pedes *(2.) om.* R / Duc — 219 CC: *textus corruptus. R habet* Divide per quintam CC^{tos} partem, et / Duc bis] ducat binos S / quinquenos] quinquennos M_1b, quindenos W, quinquagies M, quinos S / 219 ac $AMM_1ORSVWb$] at a, *om.* B / divide *om.* R / sunt *om.* $ABOWa$ / 220 quadragies] quinquagies O / ducti] duxeris M_1RSb / implent] complent M, impletum S, *om.* A / numerum *om.* W / 221 ergo *om.* MR / ibidem oves Aa / oves] boves M_1 / ibidem] in eo campo M / collocari] locari $BMOR$ / possunt] XXVII. (XXVIII. $M_1{}^1$) *add.* M_1

(22) PROPOSITIO DE CAMPO FASTIGIOSO.

Est campus fastigiosus, qui habet in uno latere perticas C et in alio latere perticas C et in fronte perticas L et in medio perticas LX et in altera fronte perticas L. Dicat, qui potest,
225 quot aripennos claudere debet.

222–225: $ABMM_1ORR_1SVab$, om. CM_2W

222 *inscr. om.* MRR_1SV / PROPOSITIO *om.* M_1b / FASTIGIOSO] FASTIDIOSO ABM_1O / 223 fastigiosus ab] fastidiosus $ABMM_1ORR_1SV$ / et *(1.)* — C *(2.) om.* OR_1V, *supr.* $R_1{}^1$ / alio] altero a / 224 LX] XL O, 40 S / altera] altero ABO, tertio R_1 / fronte *(2.)*] parte R / qui potest] rogo qui valet RR_1, quis M / 225 aripennos MM_1RSb] arripennos O, arpennos V, arpennas B, aripennas Aa, ar̄p R_1 / cludere A, concludere V

SOLUTIO.

Longitudo huius campi C perticis et utriusque frontis latitudo L, medietas vero LX includitur. Iunge utriusque frontis numerum 230 cum medietate, et fiunt CLX. Ex ipsis assume tertiam partem, id est LIII, et multiplica centies, fiunt $\overline{V}$CCC. Divide in XII aequas partes, et inveniuntur CCC⟨C⟩XLI. Item eosdem divide in XII partes, et reperiuntur 235 XXXVII. Tot sunt in hoc campo aripenni numero.	Iunge duas longitudines, fiunt CC. Duc mediam de ducentis, fiunt C. Et iunge L et LX et L, fiunt CLX. Duc vero tertiam partem de CLX, fiunt LIII. Et duc centies LIII, fiunt $\overline{V}$ CCC. Divide per duodecimam partem $\overline{V}$ CCC, hoc est, fac ex eo bis XII. Verbi gratia: de $\overline{V}$ CCC duc XII. partem, fiunt CCCCXLI. Rursusque de CCCCXLI duc XII., fiunt XXXVII. Tot sunt in hoc aripenni numero.

226–236: *recensio I* (Longitudo — numero): $ABMM_1OSVab$, *recensio II* (Iunge — numero): M_1RR_1, *om.* CM_2W

recensio I: 226 *inscr. om.* MM_1SV, SOLVTIO DE CAMPO A, SOLVTIO DE CAMPO FASTIDIOSO B, De campo fastigioso b / 227 perticis C M_1 / utrisque O / utriusque frontis] ex utrisque frontibus M / 228 frontis] numerum *add.* A / latitudo] longitudo S / L *om.* A / LX] XL AOS / 229 utrisque O / 230 cum medietate] tum medietates M_1 / et *om.* MM_1OV / fient B / 231 LIIII A / multiplicata A / 232 fiunt] fient B, *om.* O / $\overline{V}$CCC] $\overline{V}$CCCCti O, CCC S, $\overline{V}$.CCCC M_1 (vel CCC *supr.* $M_1{}^1$) / Divide] deinde b / 232*sq.* partes aequas M_1 / 233 invenientur B / CCCCXLI] CCCXLI $ABMM_1OS$, 351 b / 234 eos O / repperiuntur A, repperientur B / 235 XXXVI MS / hoc campo] huius M_1b, hoc $ABMOS$ / arripenni AM_1, arpenni MV / 235*sq.* numero arripenni A / 236 numero *om.* a

recensio II: 226 *inscr. om.* R_1, AL' M_1, R' R / 227 fiunt] faciunt R_1 / 228 medium R_1 / de *om.* R_1 / iunge *om.* R_1 / 228*sq.* L et *om.* R / 229 Duc] dic R_1 / 230 duc centies] ducenties M_1R_1 / 231 LIII] LIIII M_1 / Divide — 232 $\overline{V}$ CCC *om.* M_1 / duodecimam] XII R_1 / 233 XII.] X. M_1 / partem] et *add.* R_1 / 234 CCCCXLI *(1.)*] CCCXLI M_1 / Rursusque de CCCCXLI *om.* M_1 / 235 XII.] partem *add.* R_1 / 235*sq.* aripenni in hoc R / 236 arripenni M_1 / numero] Sunt in huius arripenni XCVI. *add.* M_1 *(cf. v. 269)*

58

(23) PROPOSITIO DE CAMPO QUADRANGULO.

Est campus quadrangulus, qui habet in uno latere perticas XXX et in alio perticas
XXXII et in fronte perticas XXXIIII et in altera fronte perticas XXXII. Dicat, qui potest,
240 quot aripenni in eo concludi debent.

237—240: *ABMM₁ORR₁SVab*, *om. CM₂W*

237 *inscr. om.* MRR₁SV / PROPOSITIO *om.* M₁b / 238 quadrangulus] quadratus M / XXX — perticas *(2.) om.* R / XXX — 239 perticas *(1.) om.* B / alio] latere *add.* O / 239 et *(1.)* — XXXII *(2.) om.* O /
perticas *(1.) om.* S / altera] altero AR₁, alio RV / fronte *(2.) om.* Aa / perticas *(2.) om.* R, *del. (?)* R₁¹ /
240 arripenni AM₁O, aripennii Mb, arpenni BV / in eo] eo O, *om.* BS / claudi MS / debent M₁, debeant
M₁¹

SOLUTIO.

Duae eiusdem campi longitudines faciunt LXII. Duc dimidiam de LXII, fiunt XXXI.
Atque duae eiusdem campi latitudines iunctae fiunt LXVI. Duc vero mediam de LXVI,
fiunt XXXIII. Duc namque tricies semel XXXIII, fiunt $\overline{\text{I}}$ XX. Divide per duodecimam
245 partem bis sicut superius, hoc est, de mille viginti duc duodecimam, fiunt LXXXV, rursusque
LXXXV divide per XII, fiunt VII. Sunt ergo in hoc aripenni numero septem.

241—246: *ABMM₁ORR₁SVab*, *om. CM₂W*

241 *inscr. om.* MM₁R₁SV, SOLVTIO DE CAMPO QVADRANGVLO B, Aliud *b*, R' R / 242 LXII
(1.)] XLII A / Duc] dic MRR₁ / dimidiam] mediam M₁RR₁Sb / de *om.* AR₁a, *supr.* R₁¹ / LXII *(2.)*]
XLII A / fiunt] et fiunt MR₁, faciunt S / XXXI] XXI A, XXXII O / 243 Atque] Ac Aa / duae] duc S,
post campi M / eiusdem] ipsius RR₁ / eiusdem campi] campi ipsius R / longitudines O / fiunt] faciunt
M / Duc] Dic MRR₁ / 244 fiunt *(1.)*] et fiunt R₁, faciunt M / namque] vero Aa / tricies] trecies M₁Sb,
terties Aa / XXXIII *(2.) om.* a / $\overline{\text{I}}$ XX] $\overline{\text{M}}$ III S, $\overline{\text{I}}$ XXI V / Divide — 245 duodecimam *om.* O / 245 bis
post Divide *(244)* RR₁ / sicut] ut RR₁ / hoc] id M / de *om.* M / mille viginti] $\overline{\text{M}}$ III S, 120 *b* / duc] dic
MRR₁, *per add.* Aa, *om.* S / duodecimam] X iunge simul M, *et add.* R₁ / LXXXV] LXXV O, LXXXIII
S / rursusque] Rursus MV / 245 sq. rursusque LXXXV *om.* O / 246 LXXXV] LXXXIII S / VII] $\overline{\text{VII}}$ B,
VI MS / Sunt — septem *om.* S / ergo *om.* M / numero arpenni M / arpenni MV, aripa *(?)* R, arripenni
AM₁O

247 ## (24) PROPOSITIO DE CAMPO TRIANGULO.

Est campus triangulus, qui habet in uno latere perticas XXX et in alio perticas XXX et
in fronte perticas XVIII. Dicat, qui potest, quot aripennos concludere debet.

247—249: *ABMM₁ORR₁SVab*, *om. CM₂W*

247 *inscr. om.* MRR₁S / PROPOSITIO *om.* AM₁b / 249 perticas *om.* S / XVIII] X et VIII M₁, noven-
decim *b* / arripennos AM₁O, arpennos B / concludere] omnino *add.* M / debeat M

250 ## SOLUTIO.

Iunge duas longitudines istius campi, et fiunt LX. Duc mediam de LX, fiunt XXX, et
quia in fronte perticas XVIII habet, duc mediam de XVIII, fiunt VIIII. Duc vero novies triginta, fiunt CCLXX. Fac exinde bis XII, id est, divide CCLXX per duodecimam, fiunt
XXII et semis. Atque iterum XXII et semis per duodecimam divide partem: fit aripennus
255 unus et perticae X ac dimidia.

250—255: *ABMM₁ORR₁SVab*, *om. CM₂W*

250 *inscr. om.* MM₁R₁S, SOLVTIO DE CAMPO TRIANGVLO B, R' R, Aliud *b* / 251 latitudines
b / et *(1.) om.* MM₁RR₁Sb / LX *(1.)*] et *add.* MM₁ORR₁Sb / Duc] dic MRR₁ / media R, dimidiam O /
XXX] Atque duae eiusdem campi latitudines iunctae fiunt LXVI. Duc vero mediam de LXVI fiunt XXXIII
add. M₁¹ *in margine* / 252 perticas] pedes ABMM₁OR₁b, *om.* R / duc *(1.)*] dic MRR₁ / media R₁ / XVIII
(2.)] XVIIII A, X et VIII S / triginta] et *add.* R₁ / 253 CCLXX *(1.)*] 260 *b* / Fac — CCLXX *(2.) om.*
O / duodecimam] partem *add.* MM₁RR₁Sb / fiunt *(2.)* — 254 partem *om.* M / 254 semis *(1.)*] S RR₁, *y add.*

M_1 | semis *(2.)*] S R_1, semis .S. M_1R | divide *om.* R | partem divide M_1b | partem] et fiunt II et remanent IIII, quae est tertia pars (de *add.* R) XII. Sunt (Sint S) ergo aripenni (arripenni M_1) in hoc numero II et tertia pars de aripenno (arripenno M_1) tertio (tertio *om.* *(?)* R). *add.* M_1RR_1Sb (*cf. p. 25*) | fit — 255 dimidia *om.* RR_1, vel fit — dimidia *supr.* $M_1{}^1$ | aripennus $M_1{}^1S$] aripennis *Bab*, arripennis *AO*, arripenis M_1, arpennus M | 255 et] ex O | perticae — dimidia] per terciam XII S | pertica O | ac] et AM_1ab

256 (25) PROPOSITIO DE CAMPO ROTUNDO.

Est campus rotundus, qui habet in gyro perticas CCCC. Dic, quot aripennos capere debet.

256—258: $ABMM_1ORR_1Vab$, *om.* CM_2SW
256 *inscr. om.* MRR_1 | PROPOSITIO *om.* M_1b | 257 giro $ABMM_1a$, rigo O | CCCC] CCC B | Dic] dicat qui potest R_1, dicat aliquis M, quaeso *add.* R | arripennos M_1O, arripenos A, arpennos B | capere] claudere B

SOLUTIO.

260 Quarta quidem pars huius campi, qui CCCC includitur perticis, in C consistit. Hos si per semetipsos multiplicaveris, id est, si centies duxeris, fiunt $\overline{\text{X}}$. Hos in XII partes dividere debes. Etenim de decem milibus 265 duodecima est DCCCXXXIII, quam cum item in XII partitus fueris, invenies LXVIIII. Tot enim aripennos huiusmodi campus includit.

Duc ergo quartam partem de CCCC, fiunt C. Et iterum de CCCC duc tertiam partem, fiunt CXXXIII. Duc quoque mediam de C, fiunt L. Rursusque duc mediam de CXXXIII, fiunt LXVI. Duc vero quinquagies LXVI, fiunt $\overline{\text{III}}$ CLI. Divide hos per XII^{mam} partem, fiunt CCLXXX. Rursusque CCLXXX divide per XII^{mam} partem, fiunt XXIIII. Duc vero quater XXIIII, fiunt XCVI. Sunt in totum aripenni XCVI.

259—269: *recensio I* (Quarta — includit): $ABMM_1OSVab$, *recensio II* (Duc — XCVI): M_1RR_1, *om.* CM_2W
recensio I: 259 *inscr. om.* MM_1S, SOLVTIO DE CAMPO ROTVNDO B, Aliud *b* | 261 CCCC] trecentis B | in C consistit] ince A, est C *a* | C] X M | 262 Hos] has S | semetipsas S, seipsos M | multiplicari O | id] hoc M | 263 X milia (millia) fiunt *Aa* | Hos] has S | 264 de *om.* S | 265 duodecima] pars *add.* M | DCCCXXXIII] DCCCCI.XXII A, DCCC^{ti} XXXII B, DCCti et XXXIII M | quam cum] Quacum B | 266 in XII *om.* M | fueris partitus O | pertitis S | LXVIII A | 267 enim — includit] sunt $\text{ar}\bar{\text{p}}$ M | enim *om.* S | aripennos BSb] arripennos M_1O, aripennis *a*, arripennis A | huiusmodi] hic S | includitur *ABa*
recensio II: 259 *inscr. om.* M_1R_1, R' R | 260 Duc] Dic RR_1 | 261 duc] dic RR_1 | 262 partem *om.* RR_1 | CXXXIIII R_1 | Duc] Dic RR_1 | 263 Rursusque] rursus R | duc] dic RR_1 | 264 Duc] Dic R | quinquagies] quinquies R_1, L. M_1 | 267 CCLXXX *om.* R_1 | XII^{mam}] XII R_1 | 269 Sunt — XCVI *(2.)* *om.* M_1 (*cf. v. 236*) | agripenni R, $\text{ar}\bar{\text{p}}$ R_1

270 (26) PROPOSITIO DE CAMPO ET CURSU CANIS AC FUGA LEPORIS.

Est campus, qui habet in longitudine pedes CL. In uno capite stabat canis, et in alio stabat lepus. Promovit namque canis ille post ipsum, scilicet leporem, currere. Ast ubi ille canis faciebat in uno saltu pedes VIIII, lepus transmittebat VII. Dicat, qui velit, quot pedes quotve saltus canis persequendo vel lepus fugiendo, quoadusque comprehensus est, con- 275 fecerint.

270—275: $ABMM_1OR_1SVab$, *om.* CM_2RW
270 *inscr. om.* MR_1S, PROPOSITIO DE CVRSV CBNKS BC FXGB (FVGB *a*) LFPPRKS *Aa*, ITEM PROPOSITIO DE CAMPO ROTVNDO B, DE CAMPO E CVRSV CANIS ET FVGA LEPORIS M_1, De campo et cane ac fuga leporis *b* | 271 CL] et *add.* M | stabat] stabit R_1 | alio] altero *b* | 272 stabat] stabit R_1, *om.* MM_1b | lepus stabat S | namque — ille *(1.)*] se ille canis M | ille *(1.)*] ipse R_1 | post — currere] ut curreret post leporem M | ipsum BOR_1S] illum AM_1a, *om. b* | scilicet *om. b*, *del.* $M_1{}^1$ | incurrere S | Ast] At MO | ubi *om.* S | ille *(2.)* *om. b* | 272sq. canis ille R_1 | 273 faciebat *om.* M | pedes *(2.)*] pedus A | 274 quotve] quotque *a*, vel quot O | saltus] $\bar{\text{p}}$saltus M_1, vel *add.* M_1R_1Sb | insequendo M | vel] et *a*, *om.* M | quoadusque] quousque ABO, quo ad M | confecerint BM_1R_1b] confecerunt OS, fecerint A, fecerunt Ma

SOLUTIO.

Longitudo huius videlicet campi habet pedes CL. Duc mediam de CL, fiunt LXXV. Canis vero faciebat in uno saltu pedes VIIII. Quippe LXXV novies ducti fiunt DCLXXV, tot pedes leporem persequendo canis cucurrit, quoadusque eum comprehendit dente tenaci. 280 At vero, quia lepus VII pedes in uno saltu faciebat, duc ipsos LXXV septies: fiunt DXXV. Tot pedes lepus fugiendo peregit, donec consecutus fuit.

276—281: $ABMM_1OR_1SVab$, om. CM_2RW
276 inscr. om. MR_1S, SOLVTIO DE CAMPO ET CVRSV CANIS ET FVGA LEPORIS B, De campo, cane et lepore b, AL' M_1 | 277 Longitudo] igitur add. S | huius videlicet] scilicet istius O, huius Mb | campi videlicet S | Duc] dic M, dic vero R_1 | medium M | LXXV] LXXX M_1, 80 b, vel LXXV supr. $M_1{}^1$ | 278 VIIII] VIII M | 279 consequendo Aa | quod adusque B | eum] eam M, om. A | comprehendet R_1 | dente tenaci om. M | 280 At] Aut R_1 | pedes VII Aa | faciebat post uno M_1R_1Sb, post lepus Aa | fiunt DXXV om. Aa | DXXV] de XV O, DXXVI M_1, 526 b, vel V supr. $M_1{}^1$ | 281 Tot] vero add. Aa | consecutus fuit] consequebatur M, persecutus fuit S | fuit] est Aa

(27) PROPOSITIO DE CIVITATE QUADRANGULA.

Est civitas quadrangula, quae habet in uno latere pedes mille centum, et in alio latere pedes mille, et in fronte pedes DC, et in altera pedes DC. Volo ibidem tecta domorum 285 ponere sic, ut habeat unaquaeque casa in longitudine pedes XL et in latitudine pedes XXX. Dicat, qui valet, quot casas capere debet.

282—286: $ABMM_1OSVWab$, om. CM_2RR_1
282 inscr. om. MSW | PROPOSITIO om. M_1b | CIVITATE QUADRANGULA] CAMPO QVADR-ANGVLO A | 283 pedes om. S | centum om. M | 283sq. latere pedes mille] totidem M | 284 pedes $(1.)$ om. O | mille] .I.C S | pedes $(2.)$ om. M | et $(2.)$ — DC $(2.)$ om. ABS | altera] altera fronte M, altero fronte W, alio fronte O | pedes DC $(2.)$] totidem M | 285 ponere] et add. B | sic] volo add. ABM_1SW, sic tamen M, ita tamen O | casa] cara A | pedes $(1.)$] pede S | 286 qui om. W | valet $BMOSW$] velit AM_1ab | capere] ponere ex toto M | debet] valet M_1b

SOLUTIO.

Si fuerint duae huius civitatis longitudines iunctae, faciunt $\overline{\mathrm{II}}$ C. Similiter duae, si fuerint latitudines iunctae, fiunt $\overline{\mathrm{I}}$ CC. Ergo duc mediam de $\overline{\mathrm{I}}$ CC, fiunt DC, rursusque duc mediam 290 de $\overline{\mathrm{II}}$ C, fiunt $\overline{\mathrm{I}}$ L. Et quia unaquaeque domus habet in longo pedes XL et in lato pedes XXX, deduc quadragesimam partem de mille L, fiunt XXVI. Atque iterum assume tricesimam de DC, fiunt XX. Vicies ergo XXVI ducti fiunt DXX. Tot domus capiendae sunt.

287—292: $ABMM_1OSVWab$, om. CM_2RR_1
287 inscr. om. MS, SOLVTIO DE CIVITATE QVADRANGVLA B, SOLVTIO DF CKXKTBTF QXADRBNGVLB A, De civitate quadrangula b, AL' M_1 | 288 Si fuerint $(1.)$ om. M | fuerint $(1.)$] fuerunt M_1Ob, corr. $M_1{}^1$ | faciunt] facient Aa | fuerint $(2.)$] fuerunt Ob | 289 latitudines om. M | fiunt $(1.)$] faciunt AMa | $\overline{\mathrm{I}}$ CC $(1.)$] mille $\overline{\mathrm{I}}$ CC O | duc $(1.)$] dic M | $\overline{\mathrm{I}}$ CC $(2.)$ — de (290) om. BS | fiunt $(2.)$] faciunt Aa | Rursumque O | duc $(2.)$] dic M, duo A | 290 longo] longitudine Aa | lato] latitudine M | pedes $(2.)$ om. AMa | XXX] viginti M | 291 deduc] duc MM_1Sb | de] id est $ABOW$, om. M | iterum om. $ABMOW$ | assume] adsumme W | tricesimam] trigintam O, trigesimam partem M | 292 DC] quingentis M | ducti om. B | DXX] DXXII O | domos $ABOS$ | capiendae sunt] sunt M, huius capienda est civitas S

(28) PROPOSITIO DE CIVITATE TRIANGULA.

Est civitas triangula, quae habet in uno latere pedes C, et in alio latere pedes C, et in 295 fronte pedes XC. Volo enim ibidem aedificia domorum construere, sic tamen, ut unaquaeque domus habeat in longitudine pedes XX et in latitudine pedes X. Dicat, qui potest, quot domus capi debent.

293—297: $ABMM_1OSVWab$, om. CM_2RR_1
293 inscr. om. MSW | PROPOSITIO om. AM_1b | 294 in uno habet Aa | et $(1.)$ — C $(2.)$ om. B | latere pedes $(2.)$ om. MM_1Sb | C $(2.)$] totidem M | et $(2.)$ — 295 XC om. M | 295 enim om. M | enim

— construere] ut fiat ibi (ibi fiat S) domorum constructio (constructio domorum M_1) M_1Sb | aedificia — construere] aedificare domos O | constituere M | sic] sit O | una quaque A | 296 pedes *(1.)*] pedis O | XX — pedes *(2.) om.* W | *post* latitudine *repetit B* ut *(295)* — latitudine | qui potest *om. b* | potest] velit M_1 | 297 domos $ABOSW$ | capere debet O

SOLUTIO.

Duo igitur huius civitatis latera iuncta fiunt CC, atque duc mediam de CC, fiunt C.
300 Sed quia in fronte habet pedes XC, duc mediam de XC, fiunt XLV. Et quia longitudo uniuscuiusque domus habet pedes XX et latitudo ipsarum habet pedes X, itaque in C quinquies XX et in XL quater X sunt. Duc igitur quinquies IIII, fiunt XX. Tot domos huiusmodi captura est civitas.

298—303: $ABMM_1OSVWab$, *om.* CM_2RR_1
298 *inscr. om.* MM_1Sb, SOLVTIO DE CIVITATE TRIANGVLA B, SOLVTIO DE CIVITATE A | 299 Duae O | igitur *om.* M | civitatis *om.* S | latera] latitudines O | iunctae O | fiunt *(1.)*] faciunt M | duc] dic M | CC *(2.)*] trecentis B | 300 Sed] se B | duc] dic M | de] deis O, *om.* A | quia *(2.) om.* M | 300 *sq.* uniuscuiusque longitudo S | 301 domi BW | pedes XX] XX pedes S | habet *(2.) om.* Aa | itaque — 302 sunt] duc XX (vigesimam S) partem de (in a) C, fiunt V. Et pars decima (decima *om.* S) quadragenarii IIII sunt M_1Sab; itaque — sunt *in margine add.* $M_1{}^1$ | 302 XX *(1.)* — quinquies *om.* A | in *om.* B | Duc] Duo M_1 | igitur] itaque a, *om.* M | fiunt] sunt M | huiusmodo MO | 303 captura est] capienda est $ABMM_1SWb$, capit O

(29) PROPOSITIO DE CIVITATE ROTUNDA.

305 Est civitas rotunda, quae habet in circuitu pedum $\overline{\text{VIII}}$. Dicat, qui potest, quot domos capere debet, ita ut unaquaeque domus habeat in longitudine pedes XXX et in latitudine pedes XX.

304—307: $ABMM_1OSVab$, *om.* CM_2RR_1W
304 *inscr. om.* MS | PROPOSITIO *om.* AM_1b | 305 pedum] pedes M_1 (es *in rasura*) S, ped' A | $\overline{\text{VIII}}$] IIII A, VIII M_1, octo S | domus MM_1 | 306 debet] poterit M | ita] tamen *add.* M, tamen *supr.* $M_1{}^1$ | domus *om.* Aa | 307 pedes *om.* M | XX] XXII B

SOLUTIO.

In huius civitatis ambitu $\overline{\text{VIII}}$ pedes nume-
310 rantur, qui sesqualtera proportione dividun- tur in $\overline{\text{IIII}}$ DCCC et in $\overline{\text{III}}$ CC. In illis autem longitudo domorum, in istis latitudo versa- tur. Subtrahe itaque de utraque summa medietatem, et remanent de maiore $\overline{\text{II}}$
315 CCCC, de minore vero $\overline{\text{I}}$ DC. Hos igitur $\overline{\text{I}}$ DC divide in vicenos et invenies octoagies viginti, rursumque maior summa, id est $\overline{\text{II}}$ CCCC, in XXX partiti octoagies triginta dinumerantur. Duc octoagies LXXX, et
320 fiunt $\overline{\text{VI}}$ CCCC. Tot in huiusmodi civitate domus secundum propositionem supra scrip- tam construi possunt.

Ambitus huius civitatis $\overline{\text{VIII}}$ complectitur pedum. Duc ergo quartam de $\overline{\text{VIII}}$ partem, fiunt $\overline{\text{II}}$. Rursusque duc tertiam de $\overline{\text{VIII}}$ par- tem, fiunt $\overline{\text{II}}$DCLXVI. Duc vero mediam de duobus milibus, fiunt $\overline{\text{I}}$, atque iterum de duobus milibus DCLXVI mediam assume partem, fiunt $\overline{\text{I}}$ CCCXXXIII. Deinde duc partem tricesimam de $\overline{\text{I}}$ CCCXXXIII, ⟨fiunt XXXXIIII, rursusque duc partem vigesi- mam de $\overline{\text{I}}$, fiunt L. Duc vero quinquagies XXXXIIII⟩, fiunt $\overline{\text{II}}$ CC. Deinde duc simul bina milia CC quater, fiunt $\overline{\text{VIII}}$ DCCC. Hoc est summa domorum.

308—322: *recensio I* (In — possunt) : $ABMM_1OSVab$, *recensio II* (Ambitus — domorum): M_1, *om.* CM_2RR_1W
recensio I: 308 *inscr. om.* MS, SOLVTIO DE CIVITATE ROTVNDA B, AL' M_1, Aliud b | 309 $\overline{\text{VIII}}$] novem milia B, VIII A | pedes BMM_1OS] pedum ab, vel um *supr.* $M_1{}^1$, *om.* A | numeratur B | 310 sex-

q̄altera S, sesquialtera ab | portione M_1, om. S | *311* in *(2.)* om. ABM | illis] illa B | *312* in istis latitudo
om. O | istis] autem *add.* M_1 | *313* Subtrahe] Sumpta S | itaque] utique M, *post* summa S | *314* de maiore
post II CCCC M | maiore M_1] maiori $ABMOSab$ | *315* minori S | $\overline{\text{I}}$ DC *(2.)*] mille quingentos B, vel D
supr. $M_1{}^1$ | *316* DC] Dtos A | vicenos] vigenos S, XX O | octogies M, octuagies $M_1{}^1$ | *317sq.* $\overline{\text{III}}$ CCCC^{ti}
O | *318* partita A, partitio B | octuagies AM | triginta — *319* octoagies om. B | *319* dinumerant MO |
octuagies $AMM_1{}^1$ | et om. S | *321* domus *post* scriptam M | domos ABM_1OSb | proportionem O | supra-
dictam MM_1 | *322* construi] constitui M_1b, constitui construique M | possunt] XXXII *add.* M_1

    recensio II: 308 inscr.] AL' M_1 | *316* fiunt — *319* XXXXIIII *supplevi; om.* M_1 | *320* VIII.DCCC M_1 |
321 domorum] XXXII. *add.* M_1

(30) PROPOSITIO DE BASILICA.

Est basilica, quae habet in longitudine pedes CCXL et in latitudine pedes CXX. Later-
325 culi vero stratae eiusdem unus laterculus habet in longitudine uncias XXIII, hoc est, pedem
unum et XI uncias, et in latitudine uncias XII, hoc est, pedem I. Dicat, qui velit, quot laterculi eam debent implere.

    323—327: $ABMM_1OSVWab$, *om.* CM_2RR_1
    323 inscr. om. MSW | PROPOSITIO *om.* M_1b | *324* latitudine M_1OS] lato $ABMWab$ | Laterculus O |
325 eiusdem stratae M_1 | strate B, strati B^1 | laterculus] vero *add.* O | *326* unum *et spatio relicto om.* S |
et *(1.)* — I *om.* B | XI uncias] uncias XI M_1SWb | XI] XII A, vel XII *supr.* $M_1{}^1$ | XII] viginti tres W |
qui velit] aliquis sapiens M | *327* eam] eandem Aa | implere debent M

SOLUTIO.

CCXL pedes longitudinis implent CXXVI
330 laterculi et CXX pedes latitudinis CXX
laterculi, quia unusquisque laterculus in latitudine pedis mensuram habet. Multiplica
itaque centum vicies CXXVI, in $\overline{\text{XV}}$ CXX
summa concrescit. Tot igitur in huiusmodi
335 basilica laterculi pavimentum contegere
possunt.

Si duxeris duodecies CCXL, fiunt $\overline{\text{II}}$
DCCCLXXX. Et quia uncias XV habet
unus laterculus in longitudine, duc XV^{mam}
partem de $\overline{\text{II}}$ DCCCLXXX, fiunt CXCII.
Iterum duc duodecies CXX, fiunt $\overline{\text{I}}$
CCCCXL. Et quia VIII uncias habet unus-
quisque laterculus in latitudine, duc partem
octavam de $\overline{\text{I}}$ CCCCXL, fiunt CLXXX.
Duc quippe centies octoagies CXCII, fiunt
$\overline{\text{XXXIIII}}$ DLX. Tot laterculi implebunt.

    328—338: *recensio I* (CCXL — possunt): $ABMM_1OSVWab$, *recensio II* (Si — implebunt): M_1, *om.*
CM_2RR_1
    recensio I: 328 inscr. om. MM_1S, SOLVTIO DE BASILICA AB, De basilica b | *329* CCXL] CXL AM_1a,
Centum XL O, Centum quadraginta BW, 140 b | longitudines O | implent *om.* O | CXXVI — *330* lati-
tudinis *om.* S | *330* latitudinis pedes M | *331* quia] et quia S | latitudines Mb, *corr.* M^1 | *332* pedes MM_1,
corr. $M_1{}^1$ | *333* itaque] ergo S | CXXVI] CXXV S | $\overline{\text{XV}}$ CXX] III.$\overline{\text{XV}}$.CXX W, $\overline{\text{XV}}$ S, vel XV *supra*
CXX *supr.* $M_1{}^1$ | *335* basilicam S | pavimentum *om.* M_1, *supr.* $M_1{}^1$ | contingere b, constitui M_1
    recensio II: 328 inscr. om. M_1 | *329sq.* $\overline{\text{II}}$.CC.LXXX M_1 | *332* DCCCLXXX] CC.LXXX. M_1 | *333sq.*
$\overline{\text{I}}$.CCC.XL M_1 | *337* Duc] Duae M_1 | *338* XXX.IIII.DLX M_1

(31) PROPOSITIO DE CANAVA.

340   Est canava, quae habet in longitudine pedes C et in latitudine pedes LXIIII. Dicat, qui
potest, quot cupas capere debet, ita tamen, ut unaquaeque cupa habeat in longitudine pedes
VII et in lato, hoc est in medio, pedes IIII, et pervius unus habeat pedes IIII.

    339—342: $ABMM_1OSVWab$, *om.* CM_2RR_1
    339 inscr. om. MSW, De cavana b | PROPOSITIO *om.* M_1 | CANEUA O | *340* caneva O, cavana b,
canna M | LXIIII] quadraginta quatuor W | *341* potest] velit M_1b | cuppas M | unaquaque A | cuppa M |
342 lato — medio] latitudine M_1, lato b | est] media *add.* ABSW, mediam *add.* O | in medio] medio M |
habeat *om.* M | IIII *(2.)*] et unaqu(a)eque cupa habeat (habeat *om.* S) pedes VII *add.* M_1Sb

SOLUTIO.

In centum autem quaterdecies VII nume-
345 rantur, in LXIIII vero sedecies quaterni con-
tinentur, ex quibus IIII ad pervium depu-
tantur, quod in longitudinem ipsius canavae
ducitur. Quia ergo in LX quindecies quaterni sunt et in centum quaterdecies septeni,
350 duc quindecies XIIII, fiunt CCX. Tot cupae
iuxta suprascriptam magnitudinem in huiusmodi canava contineri possunt.

Si duxeris sexies VII, fiunt XLII, hoc sunt
VI ordines cuparum. Et ut ad pervium
venies, qui habet pedes III, duc septies III,
fiunt XXI. Igitur iunge simul XLII et XXI,
fiunt LXIII. Ecce pervius sex ordines cuparum. Deinde quartam assume partem de C,
fiunt XXV, hoc est, in uno semper ordine
sunt cupae XXV. Et quia VI ordines sunt
cuparum, sexies XXV ducti fiunt CL. Ipse
est totus numerus cuparum.

343—353: recensio I (In — possunt): *ABMM₁OSVWab, recensio II* (Si — cuparum): M_1, *om. CM₂RR₁*
recensio I: 343 inscr. om. MS, SOLVTIO DE CANAVA *AB,* De cavana *b,* AL' M_1 | *344* quaterdecies]
quatuor Xes *W,* quater sex *O* | VII] VI *A* | *345* LXIIII vero *om. M* | LXIIII] XLIIII *B,* LXVI *A,* vel XL
supr. M_1^1 | quaterni] quater III *M* | *346* ad *om. O* | reputantur *Aa* | *347* longitudine *M₁OSW* | canev(a)e
BW, cavanae *M₁b,* vel canave *supr.* M_1^1, cavene *S,* cannae *M* | *348* deducitur *M* | ergo] igitur *A* | LX]
XLX *O,* hoc *(?) S* | *350* CCX] CCXX *S* | cuppae *M* | *351* supradictam *MW* | magnitudinem supra-
dictam *M* | magnitudinem] longitudinem M_1 | in *om. B* | *352* canavi *B,* cavana *M₁b,* canna *M* | conti-
neri] continere *B,* inveniri absque dubitatione ab astuto *M*
recensio II: 343 inscr. om. M_1 | *345* VI] VII M_1 | *348* LXIII] LXVII M_1 | cubarum M_1 | *351* cubae
M_1 | *352, 353* cubarum M_1

(32) PROPOSITIO DE QUODAM PATREFAMILIAS DISTRIBUENTE ANNONAM.

355 Quidam paterfamilias habuit familias XX, et iussit eis dare de annona modios XX: sic
iussit, ut viri acciperent modios ternos et mulieres binos et infantes singula semodia. Dicat,
qui potest, quot viri aut quot mulieres vel quot infantes esse debent.

354—357: ABCMM₁OR₁SVWab, om. M₂R
354 inscr. om. MR₁SW, Propositio *C,* PROPOSITIO DE QUODAM PATREFAMILIAS *a,* De quodam
patrefamilias *b,* DE PATRE FAMILIAS DISTRIBVENTE ANNONA M_1 | PROPOSITIO *om. Ab* | DIS-
TRIBUENTE ANNONAM] DISTRIBVENTI *A* | *355* familias] familiam *CMS,* familia *OR₁* | eis] ei
M | dari *BM* | XX mod' de annona *R₁* | sic] et sic *B* | *356* iussit] tamen *M* | accipiant *M₁b* | et infantes]
infantesque *S,* Infantes quoque *C* | singula semodia] singulos semodios *C,* singulos modios *S,* duo singulos
modios *B* | Dicat — *357* potest] Dic *M* | *357* potest] vult *C* | aut] et *R₁, om. CMM₁b* | quot *(2.) om.*
S | vel] et *C, om. M* | vel quot] quotve *M₁R₁Sb* | infantes — debent] fuerint infantes sic et de XXX *R₁* |
esse debent] sint *M,* fuerunt *M₁Sb* | debeant *C*

SOLUTIO.

Duc semel ternos, fiunt III, hoc est, unus vir III modios accepit. Similiter et quinquies
360 bini, fiunt X, hoc est, quinque mulieres acceperunt modios X. Duc vero septies binos, fiunt
XIIII, hoc est, XIIII infantes acceperunt modios VII. Iunge ergo I et V et XIIII, fiunt XX. Hae
sunt familiae XX. Ac deinde iunge III et VII et X, fiunt XX, haec sunt modia XX. Sunt
ergo simul familiae XX et modia XX.

358—363: ABCMM₁OR₁SVWab, om. M₂R
358 inscr. om. MM₁R₁S, DE SVPRADICTA QVESTIONE *A,* ITEM SOLVTIO *B,* De patrefamilias
b | *359* Duc] Dic *R₁* | et *om. O* | *360* bini] binis *b* | X *(1.)* — fiunt *(2.) om. M₁, in margine add.* M_1^1 |
hoc — X *(2.) om. C* | hoc est] vel hae sunt *add. B¹* | est] sunt *AMW* | modios *BMM₁¹Ob*] modia *Aa,* mod'
SW, md' *R₁* | Duc] Dic *MR₁,* Due *C,* Duo *S* | vero] ergo *O* | fiunt *(2.)*] fient *B* | *361* ergo *om. BCS* |
et *(1.) om. S* | V] 2 *b* | et *(2.)*] ad *B* | Hae — *362* XX *(2.) om. O* | haec *CMR₁SWb,* Heae *B* | *362*
familia *M,* famil' *R₁* | VII] VI *R₁* | et *(2.)*] ad *B* | haec — XX *(3.) om. CS* | haec] hoc *ABMM₁OR₁W*
| modii *MO* | Sunt — *363* XX *om. R₁* | *362sq.* Sunt ergo] sic et *M* | *363* simul *om. BM* | familia *MOS* |
modii *MOb,* modios *S*

(33) ALIA PROPOSITIO.

365   Quidam paterfamilias habuit familias XXX, quibus iussit dare de annona modios XXX.
Sic vero iussit, ut viri acciperent modios ternos et mulieres binos et infantes singula semodia. Solvat, qui potest, quot viri aut quot mulieres quotve infantes fuerunt.

364—367: ACMM₁OSVWab, om. BM₂RR₁

364 inscr. om. MSW, PROPOSITIO DE ALIO PATRIFAMIL' (patrefamilias *a*) EROGANTI (ero-
gante *a*) SVAE FAMILIAE ANNONAM *Aa,* Propositio *C,* ALIA *M₁b* / *365* familias] familiam *CMS,* familia *O* / quibus — XXX *(2.) om. b* / quibus *om. M* / dari iussit *M* / dari *Ma* / modia *CS* / *366* Sic
vero] Sicque *C* / vero iussit *om. M* / et *(2.) om. M* / singulos *CS* / *367* Solvat] Dicat *C,* igitur *add. M₁* /
potest] vult *CM* / aut *om. CMM₁b* / quotve] quot *CM* / infantes fuerunt] fuerunt infantes *O,* infantes *A,*
infantes esse debeant *M,* fuere infantes similiter et de C̄ faciendum est *R₁*

SOLUTIO.

    Si duxeris ternos ter, fiunt VIIII. Et si duxeris quinquies binos, fiunt X. Ac deinde duc
370 vicies bis semis, fiunt XI: hoc est, tres viri acceperunt modios VIIII, et quinque mulieres
acceperunt X, et XXII infantes acceperunt XI modios. Qui simul iuncti III et V et XXII
faciunt familias XXX. Rursusque VIIII et XI et X simul iuncti faciunt modios XXX. Quod
sunt simul familiae XXX et modii XXX.

368—373: ABCMM₁OSVWab, om. M₂RR₁

368 inscr. om. MM₁S, ITEM SOLVTIO *B,* Aliud *b* / *369* duxeris *(bis)*] dixeris *M* / ternos duxeris
III (ter *M₁¹*) *M₁* / ter ternos *M* / ternos] tres *O* / Ac — *370* XI *om. C* / deinde *om. A* / duc] dic *M* /
duc — *370* XI] bis sex fiunt XII *O* / *370* semis] seni *M* / fiunt] sunt *W* / XI] XXI *S* / est *om. A* / tres]
vel VI *supr. M₁¹, om. W* / viri III *Aa* / modia *Aa* / VIIII] VIII *B* / mulieres V *CS* / *371* acceperunt *(1.)*
om. CO / acceperunt *(2.) om. C* / XI] III *O* / modios XI *CMM₁S,* modios 11 *b* / modios] modia *Aa, om.*
B / Qui] Quos *C,* quod *AWb,* Quot *M₁ (del. M₁¹), om. a* / iuncti] id est *add. O* / III] VI *W* / XXII *(2.)*]
XX *C* / *372* faciunt familias] familiam II faciunt *C* / familias] familiam *CS,* familia *MW,* familiae *b* / VIIII]
VIII *B* / X et XI *CS* / XI] XII *O* / modia *Aa* / Quod — *373* simul] suntque sic *M* / Quod] quot *ABCOb,*
igitur *add. C* / *373* sunt *om. O* / famili(a)e simul *BC* / familia *MOW* / et modii] mod' *M* / XXX] tan-
tum *add. BCM₁S,* tantum 36 *add. b*

(33a) ITEM ALIA PROPOSITIO.

375   Quidam paterfamilias habuit familias XC, et iussit eis dare de annona modios XC. Sic
quoque iussit, ut viri acciperent modios ternos et mulieres binos et infantes singula semodia.
Dicat, qui se arbitratur scire, quot viri aut quot mulieres quotve fuere infantes.

374—377: BMM₁OR₁SVb, om. ACM₂RWa

374 inscr. om. MR₁S, ALIA PROPOSITIO *B,* Alia *b* / *375* paterfamilias] pater familia *O* / familias]
familios *S,* familia *R₁,* defamilia *M, om. O* / eis] ei *M* / dari *BM* / de annona dare *O* / modia *S* /
376 iussit *om. M* / et *(2.) om. M* / infantes] autem *add. M* / singula semodia] singulos modios *BO* / singula]
singulos *BOS,* singuli *M, corr. M²* / *377* Dicat] Solvat *R₁* / se — scire] potest *M₁R₁Sb,* vult *M* / aut] et
R₁, om. MM₁b / quotve] quodve *R₁,* quotqueve *O,* aut quot *b,* quot *MM₁* / infantes fuerunt *MM₁Sb,*
fuerunt infantes *O* / infantes] similiter et de C faciendum est *add. R₁*

SOLUTIO.

    Duc sexies ter, fiunt XVIII, et duc vicies binos, fiunt XL. Duc vero sexagies quaternos
380 semis, fiunt XXXII. Id est, sex viri acceperunt modios XVIII, et XX mulieres acceperunt
modios XL, et LXIIII infantes acceperunt modios XXXII. Qui simul iuncti, hoc est VI et
XX et LXIIII, familias XC efficiunt. Iterumque iunge XVIII et XL et XXXII, fiunt XC, qui
faciunt modios XC. Qui simul iuncti faciunt familias XC et modios XC.

378—383: BMM₁OR₁SVb, om. ACM₂RWa

378 inscr. om. MR₁S, ITEM SOLVTIO *B,* AL' *M₁,* Aliud *b* / *379* Duc *(1.)*] Dic *M,* Due *O* / XVIII]
X et VIII *MM₁S* / duc *(2.)*] dic *M, om. S* / vices *O* / *380* XXXII] XXII *O,* vel XXII *supr. M₁¹* / XVIII]

X et VIII MM_1 / mulieres XX R_1 / *381* LXIIII] XLIIII *B*, vel XLIII *supr.* $M_1{}^1$ / modios *(2.)*] semodios *O* / Qui] Quod M_1R_1Sb, quot *O*, *corr.* $M_1{}^1$ / iuncti] coniuncti *S* / hoc] id MM_1R_1Sb / et *(2.)* *om.* *M* / *382* et *(ter)* *om.* *M* / et *(1.)* *om.* *MO* / LXIIII] XLIIII *B* / familia *MO*, familiam *S* / efficiunt] sunt *M* / Iterumque iunge] iterum *(?)* R_1 / XVIII] X et VIII M_1, vel VIIII *supr.* $M_1{}^1$ / XL] LX M_1, 60 *b*, vel XL *supr.* $M_1{}^1$ / *382sq.* qui faciunt] quod sunt R_1 / *383* XC modios *S* / Qui] Quod M_1Sb, quot *O*, *corr.* $M_1{}^1$ / familiam *S*, familia *O* / modia *O* / XC *(3.)*] ducentos *B*, tantum *add.* BM_1OS, tantum 37 *add. b*, et fiunt aequa sibi invicem comparata *add. M*

(34) ITEM ALIA PROPOSITIO.

385   Quidam paterfamilias habuit familias C, quibus praecepit dari de annona modios C, eo vero tenore, ut viri acciperent modios ternos, mulieres binos, et infantes singula semodia. Dicat ergo, qui valet, quot viri, quot mulieres aut quot infantes fuerunt.

384—387: $ABM_1OSVWab$, *om.* CMM_2RR_1

384 inscr. om. SW, ITEM ALIA PROPOSITIO DE PATRE FAMIL' PARTIENTI FAMIL' SUAE ANN *A*, PROPOSITIO ALIA De Patrefamilias partiente familiae suae annonam *a*, Alia *b* / *385* familiam *S*, familia *O* / de annona dari *B* / dare AM_1OSWab / modia *S* / *386* ut *om. S* / ternos] et *add.* M_1Sb / singula semodia] singulos semodios *S*, duo singulos modios *B* / *387* valet] vivalet *O*, velit *B* / viri] aut *add. S* / aut quot] quotve *W* / fuere infantes *W* / fuerint *B*

SOLUTIO.

    Undecies terni fiunt XXXIII, et XV bis ducti fiunt XXX. Duc vero septuagies quater 390 semis, fiunt XXXVII: id est, XI viri acceperunt XXXIII modios, et XV mulieres acceperunt XXX, et LXXIIII infantes acceperunt XXXVII. Qui simul iuncti, id est XI et XV et LXXIIII, fiunt C, quae sunt familiae C. Similiter iunge XXXIII et XXX et XXXVII, faciunt C, qui sunt modii C. His ergo simul iunctis habes familias C et modios C.

388—393: $ABMM_1OSVWab$, *om.* CM_2RR_1

388 inscr. om. MM_1S, ITEM SOLVTIO *B*, Aliud *b* / *389* Undecies *S*] Undecim $ABMM_1OWab$ / Duc] Due *S* / Duc — *390* XXXVII *om. a* / septuagies] octoagies M_1, octuagies $M_1{}^1$, vel septu *supr.* $M_1{}^1$, octogies *b* / *390* semis *O* / XXXVII] XXXVI M_1 / XXXIII — *391* acceperunt *om. b* / XXXIII] XXXVII M_1, vel III *supr.* $M_1{}^1$ / modios — *391* XXXVII *om.* M_1, *supr.* $M_1{}^1$ / et *om. B* / XV] XII *A* / acceperunt *(2.)*] modios *add. S, om.* $M_1{}^1$ / *391* XXX] mod' *add.* $M_1{}^1$ / XXXVII] XXXVI *M* / Qui] Quod AM_1SWb, quot *O* / simul] semel M_1, *corr.* $M_1{}^1$ / et *(2., 3.) om. M* / *392* fiunt] faciunt *BM* / quae] qui *B* / sunt familiae] faciunt familias *B* / sunt] simul *add. S* / familia *MO* / XXXIII] XXXII *B* / et *(1.)*] ad *B, om. M* / XXX et *om. A* / et *(2.) om. M* / XXXVII] XXXVI *M* / *392sq.* faciunt C *om. M* / faciunt] fiunt M_1Sb / *393* qui] quae *M* / modii] modia *O*, modios *S* / ergo *om. M* / similiter *O* / iunctis] coniunctis *M* / habes — C *(4.)*] fit familia cum mod' *M* / familia *O* / C *(4.) om. W*

(35) PROPOSITIO DE OBITU CUIUSDAM PATRISFAMILIAS.

395   Quidam paterfamilias moriens reliquit infantes et in facultate sua solidos DCCCCLX et uxorem praegnantem. Qui iussit, ut, si ei masculus nasceretur, acciperet de omni massa dodrantem, hoc est, uncias VIIII, et mater ipsius acciperet quadrantem, hoc est, uncias III. Si autem filia nasceretur, acciperet septuncem, hoc est, VII uncias, et mater ipsius acciperet quincuncem, hoc est, V uncias. Contigit autem, ut geminos parturiret, id est, puerum et 400 puellam. Solvat, qui potest, quantum accepit mater vel quantum filius quantumve filia.

394—400: $ABMM_1OSVWab$, *om.* CM_2RR_1

394 inscr. om. MSW / PROPOSITIO *om. b* / PATRISFAMILIAS] PATRIS *B* / *395* et *(1.) om.* M_1 / in *om. B*, de *supr.* B^1 / facultatibus suis *B* / solidos MM_1] solidorum $ABOWab$ / DCCCCLX] DCCCC et

LX *M*, 860 *b* | *396* Qui] cui *M* | ut] et *A* | ei *om.* *O* | *397* dodrantem]. dodrantem *B*, dodrans (tem *supr.* *W*[1]) *W*, dodrans *O*, dodrans *S*, dodrantis *M*, dograns (tem *supr.* M_1[1]) M_1, dodrans *Aa*, *om.* *b* | hoc est *(1.)*] id est *M*, *om.* *b* | ipsius] eius *S* | acciperet *om.* *M* | quadrantem] quadrantem *B*, ·quadrans *A*, quadrans *O*, quadrans *S*, quadrans (tem *supr.* *W*[1]) *W*, quadrans (tem *supr.* M_1[1]) M_1, quadrantes *M*, quadrans *a*, *om.* *b* | hoc est *(2.)*] id est *M*, *om.* *b* | *398* nasceretur MM_1Sb] nata esset *ABOWa* | septuncem — acciperet *(2.)* *om.* *B* | septuncem] septuncem M_1, septunx *O*, .septunx *S*, id est semptunx (cem *supr.* *W*[1]) *W*, septunces *M*, septunx *Aa*, *om.* *b* | hoc est] id est *M*, hoc *W*, *om.* *b* | VII] V M_1, quinque *b*, *corr.* M_1[1] | untias VII M_1O | ipsius *om.* *M* | *399* quincuncem] ·quincunx *A*, quin-cunx *O*, quincunx *S*, quincux *B*, id est quincunx *W*, quincunx (cem *supr.* M_1[1]) M_1, quincunces *M*, quincunx *a*, *om.* *b* | hoc est] id est *M*, etiam *b* | unci(a)e quinque M_1W | ·unti(a)e AM_1W | Contin-git *b* | parturiet *S*, pareret *BM* | id est *om.* *M* | *400* Solvat] igitur *add.* M_1S, ergo *add.* *b* | accipit *b* | vel] et *a*, id est *W*, *om.* *M* | quantumve] vel quantum *B*, quantum *M*

SOLUTIO.

Iunge ergo VIIII et III, fiunt XII. XII namque unciae libram faciunt. Prorsusque iunge similiter VII et V, faciunt iterum XII. Ideoque bis XII faciunt XXIIII. XXIIII autem unciae faciunt duas libras, id est, solidos XL. Divide ergo per vicesimam quartam partem DCCCCLX
405 solidos: vicesima quarta pars eorum fiunt XL. Deinde duc, quia facit dodrans, XL in nonam partem. Ideo novies XL accepit filius, hoc est, XVIII libras, quae faciunt solidos CCCLX. Et quia mater tertiam partem contra filium accepit et quintam contra filiam, III et V fiunt VIII. Itaque duc, quia legitur, quod faciat [bis sive] bisse, XL in parte octava. Octies ergo XL accepit mater, hoc est, libras XVI, quae faciunt solidos CCCXX. Deinde duc, quia
410 legitur, quod faciat septunx [sive septus], XL in VII partibus. Postea duc septies XL, fiunt XIIII librae, quae faciunt solidos CCLXXX. Hoc filia accepit. Iunge ergo CCCLX et CCCXX et CCLXXX, fiunt DCCCCLX solidi et XLVIII librae.

401—412: $ABMM_1OSVWab$, *om.* CM_2RR_1

401 inscr. om. MM_1S, SOLVTIO DE OBITV CVISDAM PATRIS FAMILIAS *B*, SOLVTIO SV-PRADICTE QVESTIONE *A*, De animalibus emptis *b* | *402* XII *(2.)* *om.* *MO* | namque] simul *M* | li-bram — *404* libras] faciunt et libram XXIIII untiae faciunt duas *M* | faciunt libram *O* | Prorsusque] Rursusque *a*, prorsus *Sb* | *403* simul BM_1SWb | faciunt *(1.)*] fiunt *Sa* | XXIIII *(1.)*] et *add.* *W* | unciae *om.* *a* | *404* Divide — *405* XL *(1.)* *om.* M_1b, *in margine add.* M_1[1] | Divide] Deinde *a* | ergo] duc *add.* *a* | vigesimam *M* | quartam] quartem *A* | DCCCXL *B*, nongentos XL *M* | *405* solidos] et *add.* *a* | vigesima *M* | fiunt] fac̄ M_1[1] | duc] dic *M* | quia] qui *O* | *post* facit *desinit b verbis* Reliquae solutiones desiderantur *additis* | do-drans] dodrans sive dodras *AMa*, dodrans *B*, dodrans sive dodras M_1, dodrans sive dodrans *O*, do-drans sive doras *S*, id est dodrans sive dodras *W* | XL *(2.)*] quadragesimam *B* | in *om.* *B* | *406* Ideo] idest M_1 | XVIII] X et VIII MM_1 | libras *om.* M_1, *supr.* M_1[1] | faciunt *post* CCCLX *O* | *407* Et *om.* *MS* | accepit] III *(?)* *S* | III et *om.* *S* | *408* Itaque] Ideoque *O* | duc] dic *ABMOW* | legetur *O* | quod] quot *O*, quid *M* | bis sive bisse] bes vel bisse *M*, bes sive bisse *S*, bis seu bisse *a*, · *add.* *A*, *add.* *B*, *add.* M_1, *add.* *O*, *add.* *W* | XL] id est XL *W* | *409* XL *om.* M_1, *supr.* M_1[1] | XVI] vel XV *supr.* M_1[1] | duc] dic *M*, *om.* *O* | quia *om.* *O* | *410* quot *BW*, quid *M* | septunx sive septus *M*] septunx *Aa*, septunx sive septus *B*, septunx sive septus M_1, septunx sive septux *O*, ·septum sive ||||| *S*, *supr.* *W*[1] | VII] septima BM_1, II *S*, *om.* *O*, *corr.* *O*[1] | parte BM_1OS, partes *MW* | Postea] Pot ea *A*, post *W* | Duc postea M_1 | duc] dic *M* | fiunt] faciunt M_1, fiunt *supr.* M_1[1] | *411* XIIII] XXIIII *B* | CCLXXX] CCLXX *O* | Hoc] est *add.* *W* | CCCLX] CCCXL *M* | *412* CCCXX] CCCXXX *W* | XLVIII] XLVII *A*, LXVIII *S*, XLVIIII M_1, vel VIII *supr.* M_1[1]

(36) PROPOSITIO DE SALUTATIONE CUIUSDAM SENIS AD PUERUM.

Quidam senior salutavit puerum, cui et dixit: Vivas, fili, vivas, inquit, quantum vixisti,
415 et aliud tantum, et ter tantum, addatque tibi deus unum de annis meis, et impleas annos centum. Solvat, qui potest, quot annorum tunc ipse puer erat.

413—416: $ABCMM_1OR_1SVWab$, *om.* M_2R

413 inscr. om. MR_1SW, Propositio *C* | PROPOSITIO *om.* M_1b | *414* et *om.* *Bb* | inquit] vivas *add.* *M*, *om.* *O* | quantum] tu *add.* *C* | *415* deus tibi *C* | deus] dominus *M* | impleas] adimpleas R_1 | *416* cen-tum] C̄ M_1 | Solvat — potest] Dic *M* | Soluit *A* | ipse *B*] tempore ipse M_1OSb, temporis ipse *CW*, tpr̄i-pse R_1, tempore *Aa*, temporis *M* | puer erat] erat puer ille *M*

SOLUTIO.

In eo vero, quod dixit: vivas, quantum vixisti, vixerat ante annos VIII et menses tres.
Et aliud tantum fiunt anni XVI et menses VI, et alterum tantum fiunt anni XXXIII, qui ter
420 multiplicati fiunt anni XCVIIII. Uno cum ipsis addito fiunt C.

    417—420: ABCMM₁OR₁SVWa, om. M₂Rb
    417 inscr. om. MM₁R₁S, SOLVTIO DE SALVTATIONE CVIVSDAM SENIS AD PVERVM *B* /
418 vero om. M / quod] quot *A* / dixit] senex ad puerum. fili *add. B* / vivas] in *add. S* / vixerat] vix erat
O / ante *om. MS* / VIII] XVIII *S* / tres — *419* menses *om. C* / *419* aliud] alii *W* / XVI — anni *(2.) om.*
B / alterum] aliud *M* / tantum *(2.) om. C* / XXXIII] XXIII *M₁* / *420* anni *om. B* / XCVIII *S* / unum
AM₁OR₁a, unus *M* / cum *om. a* / additum *AM₁OR₁a,* additus *M¹,* additis *MS* / fiunt C *om. S*

(37) PROPOSITIO DE QUODAM HOMINE VOLENTI AEDIFICARE DOMUM.

Homo quidam volens aedificare domum locavit artifices VI, ex quibus V magistri et
unus discipulus erat. Et convenit inter eum, qui aedificare volebat, et artifices, ut per singulos
dies XXV denarii eis in mercede darentur, sic tamen, ut discipulus medietatem de eo, quod
425 unus ex magistris accipiebat, acciperet. Dicat, qui potest, quantum unusquisque de illis per
unumquemque diem accepit.

    421—426: ABMM₁OSVWab, om. CM₂RR₁
    421 inscr. om. MSW, De quodam aedificante domum *b* / PROPOSITIO] ALIA PROPOSITIO *O,*
om. A / VOLENTE *M₁a* / *422* Quidam homo *M* / VI] V *S* / *423* erat discipulus *M* / *424* eis *om. O* /
in *om. M₁* / de] ex *M* / eo] hoc *M₁Sb* / *425* accipiebat] accipiebant *A* / Dicat — potest] Dic *M* / qui
om. A / unusquisque de illis] quisque *M* / *426* unumquemque] unumquotque *b,* unamquamque *Aa* / acciperet *MS*

SOLUTIO.

Tolle primum XXII denarios et divide eos in VI partes. Sic da unicuique de magistris,
qui quinque sunt, IIII denarios. Nam quinquies quattuor XX sunt. Duos, qui remanserunt,
430 quae est medietas de IIII, tolle et da discipulo. Et sunt adhuc III denarii residui, quos sic
distribues: Fac de unoquoque denario partes XI. Ter undecim fiunt XXXIII. Tolle illas triginta partes, divide eas inter magistros V. Quinquies seni fiunt XXX. Accidunt ergo unicuique magistro partes VI. Tolle tres partes, quae super XXX remanserunt, quod est medietas
senarii, ac dabis discipulo.

    427—434: ABMM₁OSVWa, om. CM₂RR₁b
    427 inscr. om. MM₁S, SOLVTIO DE QVODAM HOMINE VOLENTI AEDIFICARE DOMVM
B / *428* XXII] XII *S* / VI] VII *S* / da] tamen ut *M₁, om. Aa* / *429* IIII] III *M₁,* vel IIII *supr. M₁¹* / denariis *W* / quinquies quattuor] quater VI *M,* VIIIIes *O* / quattuor] quater *B,* III *M₁,* IIII *supr. M₁¹* / sunt
(2.)] fiunt *M* / remanserunt] remanserant *O,* remanent *S,* tolle *add. W* / *430* quae est] qui sunt *M₁¹* / IIII]
uno *a* / et *(1.) om. M₁* / *431* de *om. M₁, supr. M₁¹* / undecim] de unoquoque *add. O (del. O¹)* / fiunt *om.*
M₁, supr. M₁¹ / *431 sq.* triginta partes] partes XXX *O* / *432* partes] et *add. M₁* / eas *om. O* / Accidunt]
Accipiunt *O* / *433* VI — partes *(2.) om. B* / VI] VII *S* / tres] VI *M* / supra *MM₁* / remanserant *M* /
quod] quae *M* / est *om. B* / *434* denarii *O* / ac] hac *B,* et *MOa,* id *(?) S* / dabis] da *Ma*

435 ## (38) PROPOSITIO DE QUODAM EMPTORE IN ANIMALIBUS CENTUM.

Voluit quidam homo emere animalia promiscua C de solidis C, ita, ut equus tribus
solidis emeretur, bos vero in solido I, et XXIIII oves in solido I. Dicat, qui valet, quot caballi,
vel quot boves, quotve fuerunt oves.

    435—438: ABMM₁OSVWab, om. CM₂RR₁
    435 inscr. om. MSW, De animalibus emptis *b* / *436* Voluit *post* homo *M* / homo *om. M₁Sb, supr. M₁¹* /
emere *post* promiscua *S, om. AO* / C *(1.)*] scilicet C *S* / de solidis C *om. O* / solidis C] C solidis *S* / equos
S / *437* in *(bis) om. M* / solido *(1.)*] solidum *b* / oves XXIIII *O* / XXXIII *M₁,* 33 *b* / Dicat — valet]
compararet. qui vult dicat *S* / qui valet *om. O,* scilicet qui valet *supr. O¹* / valet] velit abacista *M* / caballi
— *438* oves] cameli vel asini sive oves in negocio C solidorum fuerunt *S* / *438* vel *om. M* / quotve] quotque
O, quot *M* / fuerint *B* / fuerunt oves] oves ad ultimum emerentur *M*

SOLUTIO.

440   Duc ter vicies tria, fiunt LXVIIII. Et duc bis vicies quattuor, fiunt XLVIII. Sunt ergo caballi XXIII et solidi LXVIIII, et oves XLVIII et solidi II, et boves XXVIIII in solidis XXVIIII. Iunge ergo XXIII et XLVIII et XXVIIII, fiunt animalia C. Ac deinde iunge LXVIIII et II et XXVIIII, fiunt solidi C. Sunt ergo simul iuncta animalia C et solidi C.

439–443: ABMM$_1$OSVWa, *om.* CM$_2$RR$_1$b
439 inscr. om. MM$_1$S, SOLVTIO DE QVODAM EMPTORE IN ANIMALIBVS CENTVM B |
440 Duc ter] Ductae M$_1$ | vicies *(1.)*] vigies B, *om.* M | tria] vicies *add.* O | LXVIIII] XLVIII A, VIIII M | Et *om.* M | duc *(2.)*] II M$_1$, *om.* S | bis vicies quattuor] duobus XXIIII S | vicies *(2.)*] vigies B | XLVIII] XLIIII B | ergo *om.* M | 441 XXIII] XXIIII AO | LXVIIII] XLVIIII O, LXVIII M | boves] oves M | in] et S | 442 XXIII] XXIIII A | XLVIII] XLVII O, XLVIIII et duo M$_1$, vel VIII *supr.* M$_1$^{1} | 443 et *(2.) om.* AW | Sunt — C *(3.)*] Qui simul adiuncti resonant aequalia cuncti M | iuncta] iuncti M$_1$W, *om.* BS

(39) PROPOSITIO DE QUODAM EMPTORE IN ORIENTE.

445   Quidam homo voluit de C solidis animalia promiscua emere C in oriente. Qui iussit famulo suo, ut camelum V solidis acciperet, asinum solido uno, XX oves in solido uno compararet. Dicat, qui vult, quot cameli vel asini sive oves in negotio C solidorum fuerunt.

444–447: ABMM$_1$OSVWab, *om.* CM$_2$RR$_1$
444 inscr. om. MSW, ALIA PROPOSITIO DE EADEM RE M$_1$, ALIA PROPOSITIO BO, Alia b |
445 promiscua animalia M | C in oriente] scilicet C S | 446 camelum] in *add.* M$_1$Sb | solidis] solidos O^{1}b | asinum] in *add.* M$_1$Sb | uno *(1.)*] et *add.* M$_1$Sb | XX] XXX M$_1$ | in *om.* M | uno *(2.) om.* Aa | 447 Dicat — vult] Dic M | vel] quot MO | sive] quot M | in — solidorum *om.* M

SOLUTIO.

    Si duxeris X novies quinos, fiunt XCV, hoc est, XVIIII cameli sunt empti in solidis XCV 450 per X novies quinos. Adde cum ipsis unum, hoc est, in solido uno asinum unum, fiunt XCVI. Ac deinde duc vicies quater, fiunt LXXX, hoc est, in quattuor solidis oves LXXX. Iunge ergo XVIIII et I et LXXX, fiunt C. Haec sunt animalia C. Ac deinde iunge XCV et I et IIII, fiunt solidi C. Simul ergo iuncti faciunt pecora C et solidos C.

448–453: ABMM$_1$OSVWa, *om.* CM$_2$RR$_1$b
448 inscr. om. MM$_1$S, ITEM SOLVTIO B | 449 dixeris M | novies] et *add.* a | quinos W] V AMM$_1$OSa, quinque B | XCV *(1.)*] XCVI M, XXV S | est *om.* W | cameli XVIIII a | XVIIII] X et VIIII MM$_1$, XVIII S | cameli *om.* O | XCV *(2.)*] XC B | 450 per — quinos *om.* a | quinos] quinquenos B, V W, quinque solido S | in] cum O | uno] id est M$_1$ | 451 duc] ducti M | vigies B | quattuor solidis] solidis III B, solidis IIII^{or} M$_1$ | 452 XVIIII] X et VIIII M$_1$ | Haec — C *(2.) om.* M | C *(2.) om.* a | XCV] LXXXV M$_1$, vel XC *supr.* M$_1$^{1} | IIII] III M$_1$, vel IIII *supr.* M$_1$^{1} | 453 ergo *om.* M | faciunt] fiunt W | pecora — solidos] solidos C et pecora M$_1$ | peccora BMO | et *om.* S | C *(3.) om. (?)* M

(40) PROPOSITIO DE HOMINE ET OVIBUS IN MONTE PASCENTIBUS.

455   Quidam homo vidit de monte oves pascentes, et dixit: Utinam haberem tantum et aliud tantum et medietatem de medietate et de hac medietate aliam medietatem, atque ego centesimus una cum ipsis meam ingrederer domum. Solvat, qui potest, quot oves vidit ibidem pascentes.

454–458: ABMM$_1$OR$_1$SVWab, *om.* CM$_2$R
454 inscr. om. MR$_1$SW, De homine et ovibus pascentibus b | IN MONTE *om.* M$_1$b | 455 de monte vidit M | pascentes oves M | dixit] infit M | haberem *om.* M | 456 aliud] alium A, alii S | aliam] idcirco *add.* M$_1$R$_1$b, idcirco *del.* M$_1$^{1} | medietatem *(2.) om.* S | atque] Tunc R$_1$S, *om.* M$_1$b, *corr.* M$_1$^{1} | 457 ipsis] illis R$_1$, ovibus M, unam cum ipsis *add.* S | ingrederer meam a, ingrederem meam A, ingrederer R$_1$ | Solvat — potest] dicat aliquis M | 457sq. ibidem vidit R$_1$S | vidit] viderit ille homo M | 458 ibidem] ibi BM$_1$Ob, inprimis M

SOLUTIO.

460   In hoc ergo, quod dixit: haberem tantum, XXXVI oves primum ab illo visae sunt. Et
aliud tantum fiunt LXXII, atque medietas de hac videlicet medietate, hoc est de XXXVI,
fiunt XVIII. Rursusque de hac secunda scilicet medietate assumpta medietas, id est XVIII,
fiunt VIIII. Iunge ergo XXXVI et XXXVI, fiunt LXXII. Adde cum ipsis XVIII, fiunt XC.
Adde vero VIIII cum XC, fiunt XCVIIII. Ipse vero homo cum ipsis additus erit centesimus.

459—464: $ABMM_1OSVWa$, om. CM_2RR_1b
    459 inscr. om. MM_1S, ITEM SOLVTIO B | 460 ergo, quod om. S | dicit M, dixerat W | habere
W | XXXVI oves post sunt M | ab illo primum M_1 | primum om. S | 461 LXXII] LXII S | videlicet
om. M | 462 XVIII (1.)] X et VIII AM_1a, vel VIIII supr. M_1^1 | secunda scilicet] scilicet M_1, secunda MM_1^1
| est] de add. Wa | XVIII (2.)] VIIII O, X et VIII M_1S | 463 VIIII] vel VIII supr. M_1^1 | ergo om. M_1S,
supr. M_1^1 | et XXXVI om. B | cum del. M_1^1 | XVIII] X et VIII M_1, decem et octo M | XC — 464 fiunt
om. S | XC] XCVIII O, XX M_1, corr. M_1^1 | 464 VIIII] VIII A, post XC M | Ipse] Iste O | vero (2.)
om. M | erat S | centesimus] et tali modulo solvitur questio add. M

---

465   (41) PROPOSITIO DE SODE ET SCROFA.

Quidam paterfamilias stabilivit curtem novam quadrangulam, in qua posuit scrofam,
quae peperit porcellos VII in media sode, qui una cum matre, quae octava est, pepererunt
igitur unusquisque in omni angulo VII. Et ipsa iterum in media sode cum omnibus generatis
peperit VII. Dicat, qui vult, una cum matribus quot porci fuerunt.

465—469: $ABMM_1OSVWab$, om. CM_2RR_1
    465 inscr. om. MSW | PROPOSITIO om. b | 466 Quidam] homo add. M | stabilivit] statuit M |
curtim O, curiam iogam (?) S | quadrangulam om. ABMOW | 467 medio A | qui] quia b | peperunt A,
peperit S | 468 igitur om. MM_1S | omni] suo W | generantibus B, generantur O, generaliter MM_1SWb |
469 una om. b | matribus] ex omni numero add. M | porcis A | fuerunt] videntur esse M

---

470   SOLUTIO.

In prima igitur parturitione, quae fuit facta in media sode, fuerunt porcelli VII et mater
eorum octava. Octies ergo octo ducti fiunt LXIIII. Tot porcelli una cum matribus suis
fuerunt in primo angulo. Ac deinde sexagies quater octo ducti fiunt DXII. Tot cum matribus
suis porcelli in angulo fuerunt secundo. Rursumque DXII octies ducti fiunt $\overline{\text{IIII}}$ XCVI. Tot
475   in tertio angulo cum matribus suis fuerunt. Qui si octies multiplicentur, fiunt $\overline{\text{XXXII}}$
DCCLXVIII. Tot cum matribus suis in quarto fuerunt angulo. Multiplica quoque octies
$\overline{\text{XXXII}}$ DCCLXVIII, fiunt $\overline{\text{CCLXII}}$ et CXLIIII. Tot enim creverunt, cum in media sode
novissime partum fecerunt.

470—478: $ABMM_1OSVWa$, om. CM_2RR_1b
    470 inscr. om. MS, SOLVTIO DE SODE ET SCROFA B, AL' M_1 | 471 partitione M | 472 ergo]
igitur Aa | ducti om. M | suis om. a | 473 sexagies] vel sexies supr. M_1^1 | ducti] ductu O | 474 suis por-
celli om. O | porcelli post Tot (473) B | fuerunt] fuere BM_1W, om. AOa | Rursusque Sa | fiunt om. S |
IIII XCIII A | 475 angulo] una add. M | suis] porcelli add. B | fuerunt] fuere porcelli M | Qui — 478 fe-
cerunt] Si vero eodem modo per VIII. summam multiplices, numerum quem queris absque dubietate invenies.
M | Qui si] Quasi S | octies] vicies B, septies AOW, septies supr. M_1^1 | 476 DCCLXVIII] DCCLXV B,
DCCLXXVIII A, DCCLXXXVIII a, vel LXX supr. M_1^1 | Tot] In tot B | suis om. a | fuerunt post suis
BO | angulo fuerunt M_1 | octies] nonies S | 477 DCCLXVIII] DCCLXXVIII AM_1, DCCLXXXVIII a |
fiunt om. S | CCLXII W | CXLIIII] CXLIII A, C et XLIIII S, CCCIIII a | cum in media] milia cum S
| in om. O

(42) PROPOSITIO DE SCALA HABENTE GRADUS CENTUM.

480   Est scala una habens gradus C. In primo gradu sedebat columba una, in secundo duae, in tertio tres, in quarto IIII, in quinto V. Sic in omni gradu usque ad centesimum. Dicat, qui potest, quot columbae in totum fuerunt.

479—482: *ABMM₁OR₁SVWab, om. CM₂R*
479 *inscr. om. MR₁SW,* De scala cum centum gradibus *b* / HABENTE GRADUS] CVM GRADIBVS *M₁* / HABENTI *O* / 480 Est scala una] Quaedam scala est *M* / sedet *M* / una columba *M* / columbam *b* / secunda *O* / duae] 2° *S* / 481 IIII, in quinto *om. O* / in quinto V *om. S* / Dicat — 482 potest] Dic *MR₁* / 482 columbae — totum *om. MR₁* / fuerunt] sunt *M*

SOLUTIO.

Numerabis autem sic: A primo gradu, in quo una sedet, tolle illam, et iunge ad illas 485 XCVIIII, quae in nonagesimo nono gradu consistunt, et erunt C. Sic secundum ad nonagesimum octavum, et invenies similiter C. Sic per singulos gradus unum de superioribus gradibus et alium de inferioribus hoc ordine coniunge, et reperies semper in binis gradibus C. Quinquagesimus autem gradus solus et absolutus est non habens parem. Similiter et centesimus solus remanebit. Iunge ergo omnes simul, et invenies columbas $\overline{V}$ L.

483—489: *ABMM₁OSVWa, om. CM₂RR₁b*
483 *inscr. om. MS,* SOLVTIO DE SCALA HABENTE GRADVS C B, AL' *M₁* / 484 Numerabitur *a* / una] prima *M₁* / 485 quae] sedent *add. M* / in *om. AM₁a* / nonagesimo] nonagentesimo *S* / nono *om. AB* / consistunt *om. M* / secundam *S* / 486 et invenies *om. W* / invenies] fiunt *M* / superibus *W* / 487 gradibus *(1.)*] gradum *BM₁S, om. M* / alium] unum *MO* / ordine] modo *M* / repperies *OW,* invenies *M* / semper in binis] in binis ubique *M* / 488 C *om. W* / autem *om. O* / et *(1.) om. BM₁* / 489 Iunge — $\overline{V}$ L] simul iuncti, faciunt $\overline{V}$ et quinquaginta. Est et alia regula ex coacervatione omnium numerorum secundum ordinem naturalem positorum. Si vis scire quanta summa concrescat, per ipsius medietatem qui ultimus aggregatur, si par fuerit, subsequens multiplicetur. Verbi gracia: Si I, II, III, IIII, V, VI velis scire quot sint, per senarii medietatem qui est ultimus aggregatus sequens numerus, id est septenarius, multiplicetur, et fiunt XXI, quam summam reddet supradicta coadunatio. Si autem impar numerus aggregatur, per maiorem sui partem ipse multiplicetur. *M* / simul *om. Aa* / $\overline{V}$ L] quinque milia et L *M₁*

490 (43) PROPOSITIO DE PORCIS.

Homo quidam habuit CCC porcos et iussit, ut tot porci numero impari in III dies occidi deberent. Similis est et de XXX sententia. Dicat modo, qui potest, quot porci impares sive de CCC sive de XXX in tres dies occidendi sunt. [Haec ratio indissolubilis ad increpandum composita est.]

490—494: *ABMM₁OSVab, om. CM₂RR₁W*
490 *inscr. om. MS,* De porcis *b* / PORCIS] CCC VEL XXX *add. B,* CCC SIVE DE XXX *add. M₁O* / 491 Quidam homo *M* / CCC] ducentos *B, corr. B¹* / impari] et *add. S* / in III dies *om. M* / 492 occidi deberent] occiderentur *MM₁¹S,* III occiderentur *M₁,* tres occiderentur *b* / deberentur *AB* / sententia *ante* est *M* / Dicat — potest] Dic tu girbertista *M* / modo *om. Aa* / 493 de *(1.) om. M₁* / CCC ... XXX] XXX ... CCC *M* / in] inter *Aa,* infra *M₁S* / dies] ter *add. a* / Haec — 494 est *seclusi; habent mss. ab* / 493 *sq.* increpandum composita] acuendos sensus iuvenum ingeniosissime reperta *M* / 494 compositum *S*

495 SOLUTIO.

Ecce fabula, quae a nemine solvi potest, ut CCC porci sive triginta in tribus diebus impari numero occidantur. Haec fabula est tantum ad pueros increpandos.

495—497: *ABMM₁OSVa, om. CM₂RR₁Wb*
495 *inscr. om. MM₁S,* SOLVTIO DE PORCIS CCC SIVE XXX B / 496 Ecce] Hec *S* / porcos *M₁* / diebus *om. A* / 497 occidamus *M₁S* / Haec — est] quae est inventa *M* / increpandos pueros *M*

(44) PROPOSITIO DE SALUTATIONE PUERI AD PATREM.

Quidam puer salutavit patrem: Ave, inquit, pater. Cui pater: Valeas, fili. Vivas, quan-
500 tum vixisti. Quos annos geminatos triplicabis, et sume unum de annis meis, et habebis annos
C. Dicat, qui potest, quot annorum tunc tempore puer erat.

> 498—501: *ABCMM₁OSVWab, om. M₂RR₁*
> *498 inscr. om. MSW*, Propositio *C* / PROPOSITIO *om. b* / AD SALŪT *O* / *499* salutavit puer *O* /
> Have *O* / Valeas — Vivas] vivas inquit fili *M* / Valeas] Benevaleas *W* / fili] et *add. S, om. C* / Vivas]
> vive *O*, pater *add. C* / *500* triplicabis] triplicatos *Aa* / *501* qui potest] quis *M* / potest] valet *M₁b* / tempore]
> tpī *O*, temporis *BMW*, ipse *M₁b*, tempore ipse *S*

502 SOLUTIO.

Erat enim puer annorum XVI et mensium VI. Qui geminati cum mensibus fiunt anni
XXXIII. Qui triplicati fiunt XCVIIII. Addito uno patris anno C apparent.

> 502—504: *ABCMM₁OSVWa, om. M₂RR₁b*
> *502 inscr. om. MS*, SOLVTIO DE SALVTATIONE PVERI AD PATREM *B*, AL' *M₁* / *503* enim
> *om. BC(?)M* / puer] tunc *C, om. M₁OSW* / mensium] mensum *A* / anni *om. B* / *504* XXXIII — appa-
> rent] etc. *S (reliquae solutiones desunt)* / fiunt] anni *add. C* / Addito] Anno *C* / anno *om. O* / C *om. B* /
> C apparent] sunt *C M*, Ecce alia ratio de naturali numero. Sive par sive impar sit, ultimus numerus qui aggre-
> gatur per suam denominationem in se ipsum multiplicatur, et si sibi suum proprium latus adiungitur, et si tota
> illa summa in duo dividitur, ablata medietate divisionis remanet summa coacervationis. *add. M*

505 ## (45) PROPOSITIO DE COLUMBA.

Columba sedens in arbore vidit alias volantes et dixit eis: Utinam fuissetis aliae tantum
et tertiae tantum. Tunc una mecum fuissetis C. Dicat, qui potest, quot columbae erant in
primis volantes.

> 505—508: *ABCMM₁OR₁SVWab, om. M₂R*
> *505 inscr. om. MR₁SW*, Propositio *Ca*, De columba *b* / *506* Quaedam columba *M* / alias] columbas
> *add. R₁* / et *om. AR₁Sab* / tantum] tantae *CM₁R₁Sb* / *507* tertiae *OW*] tertio *B*, ter *CMM₁R₁S*, ternae
> *Aa*, adhuc *b* / tantum] tant(a)e *CM₁R₁Sb* / fuissetis *C AMOWa*] centum fuissetis *BCM₁Sb* / C *om. R₁* /
> Dicat — potest] dic *MR₁* / potest] potes *O*, vult *C* / columbae — *508* primis] fuerunt prius *R₁*

SOLUTIO.

510 Triginta III erant columbae, quas prius conspexit volantes. Item aliae tantae fiunt LXVI,
et tertiae tantae fiunt XCVIIII. Adde sedentem, et erunt C.

> 509—511: *ABCMM₁OVWa, om. M₂RR₁Sb*
> *509 inscr. om. M*, SOLVTIO DE COLVMBA *B*, AL' *M₁* / *510* Trigintae *M₁* / Erant XXXIII *M* /
> prius] primum *M*, quidam *add. B* / conspexit] vidit *M* / tantae] tantum *C* / *511* tantae] tantum *AMa* /
> et erunt C] cum aliis. et fiunt centum in ultimis *M* / C] XLVIIII *add. M₁*

(46) PROPOSITIO DE SACCULO AB HOMINE INVENTO.

Quidam homo ambulans per viam invenit sacculum cum talentis duobus. Hoc quoque
alii videntes dixerunt ei: Frater, da nobis portionem inventionis tuae. Qui renuens noluit
515 eis dare. Ipsi vero irruentes diripuerunt sacculum, et tulit sibi quisque solidos quinquaginta.
Et ipse postquam vidit se resistere non posse, misit manum et rapuit solidos quinquaginta.
Dicat, qui vult, quot homines fuerunt.

> 512—517: *ABMM₁OSVWab, om. CM₂RR₁*
> *512 inscr. om. MSW*, De sacculo *b* / AB HOMINE *om. M₁* / *513* cum *om. AO* / duobus talentis *M* /
> *514* Frater *om. W* / da] dona *B* / tuae] tantum *Aa* / rennuens *AOW* / *515* dare eis *O* / eis *om. MM₁b* /
> vero *om. W* / quisque sibi *M* / quisque *om. O* / *516* Et—quinquaginta *om. M₁Sb, in margine add. M₁¹* / Et
> — vidit] Ille vero videns *M* / Et] At *B* / postquam] post *W* / se — posse] quia non valebat repugnare *M* /
> resistere *post* posse *M₁¹O*, illis *add. BO(post se)W*, eis *add. M₁¹* / *517* Dicat — vult] Dic *M* / vult] potest *M₁*

SOLUTIO.

Apud quosdam talentum LXXV pondo vel libras habet. Libra vero habet solidos
520 aureos LXXII. Septuagies quinquies LXXII ducti fiunt $\overline{V}$ CCCC, qui numerus duplicatus
facit $\overline{X}$ DCCC. In X milibus et octingentis sunt quinquagenarii CCXVI. Tot homines idcirco fuerunt.

518—522: ABMM₁OVWa, om. CM₂RR₁Sb
518 inscr. om. M, SOLVTIO DE SACCVLO INVENTO AB HOMINE *B,* SOL' AL' *M₁ | 519* LXXV]
LXXII *Aa,* vel *add. Aa |* pondos *M₁,* pondera *W |* habet libras *Aa |* solidos habet *M |* habet *(2.)]* inter
O | 520 aureos *om. M |* Septuagies] Sexagies *a |* quinquies] vigies *B |* LXXII *(2.)]* LXX *W |* fiunt *om.*
M₁ | VCCC *A | 521* facit] fiunt *Aa |* $\overline{X}$ DCCC] X DCCC *W,* decies DCCC *Aa,* $\overline{X}$ DCCCC *MO,* vel
DCCCC *supr. M₁¹ |* et *om. M |* octingentis sunt] octingentis̄ *O |* quinquegenari *O |* idcirco *om. M*

(47) PROPOSITIO DE EPISCOPO QUI IUSSIT XII PANES IN CLERO DIVIDI.

Quidam episcopus iussit XII panes dividi in clero. Praecepit enim sic, ut singuli presby-
525 teri binos acciperent panes, diaconi dimidium, lector quartam partem. Ita tamen fiat, ut
clericorum et panum unus sit numerus. Dicat, qui valet, quot presbyteri vel quot diaconi
aut quot lectores esse debent.

523—527: ABCMM₁OR₁SVWab, om. M₂R
523 inscr. om. MR₁SVW, De episcopo *b,* Propositio *C |* QUI — DIVIDI *om. M₁ |* IN CLERO *om. Aa |*
DIVIDI *om. A | 524* iussit *om. O |* panes XII *M₁b |* in clero dividi *CM₁Sb |* Praecepit — sic] sic tamen
iussit *M |* enim] autem *M₁ |* sic, ut] sicut *R₁ |* presbiteri *AS | 525* binos *del. M₁¹ |* diacones *OW,* dia-
conos *R₁,* diaconus *AMa |* lector — partem *om. M₁, supr. M₁¹ |* lectores *B |* Ita] Item *W |* tamen] inquit
add. B | fiet *S | 526* Dicat — valet] Dic *M |* valet] vult *ABCWa,* potest *O |* presbiteri *S |* vel *om. CMR₁*
| quot *(2.) om. S |* diaconos *b,* diacones *ACM₁OWa | 527* aut quot] quotve *b,* vel quot *R₁,* quot *CM |*
esse debent] sint *M |* debeant *M₁R₁Sb*

SOLUTIO.

Quinquies bini fiunt X, id est, V presbyteri decem panes receperunt, et diaconus unus
530 dimidium panem, et inter lectores VI habuerunt panem et dimidium. Iunge V et I et VI in
simul, et fiunt XII. Rursusque iunge X et semis et unum et semis, fiunt XII. Hi sunt XII
panes, qui simul iuncti faciunt homines XII et panes XII. Unus est ergo numerus clericorum
et panum.

528—533: ABCMM₁OVWa, om. M₁RR₁Sb
528 inscr. om. M, SOLVTIO DE EPISCOPO QVI IVSSIT XII PANES IN CLERO DIVIDI *B,* AL'
M₁ | 529 acceperunt *MM₁O | 530* inter *del. M₁¹ |* habuerunt VI *M |* panem *(2.)]* panes *MO | 530sq.* in
simul] simul *O, om. CM,* in unum *M₁ | 531* et *(1.) om. BMOW, add.* B¹ *|* Rursusque — XII *(2.) om. B*
| Rursumque *O,* Rursus *AM |* fiunt *(2.)]* panes *add. C |* Hi] Hii *BC,* Et illi *a | 531sq.* XII panes] panes
duodecim *C | 532* faciunt] fiunt *CO |* panes XII. Unus] sic *C |* Unus — *533* panum] sic fit aequalis numerus
M | est *om. O |* ergo *om. C |* numerus] unus *add. C,* et *add. W*

(48) PROPOSITIO DE HOMINE QUI OBVIAVIT SCOLARIIS.

535 Quidam homo obviavit scolariis et dixit eis: Quanti estis in scola? Unus ex eis respondit
dicens: Nolo hoc tibi dicere. Tu numera nos bis, multiplica ter. Tunc divide in quattuor
partes. Quarta pars numeri, si me addis cum ipsis, centenarium explet numerum. Dicat, qui
potest, quanti fuerunt, qui pridem obviaverunt ambulanti per viam.

534—538: ABMM₁OR₁SVWab, om. CM₂R
534 inscr. om. MR₁SW, De homine scholasticis obviante *b |* PROPOSITIO *om. A |* SCOLARIBVS *A,*
scholaribus *a | 535* scolariis *b,* scolarios *R₁,* scolaribus *AM,* scholaribus *a,* in via *add. R₁ |* dixit eis] inquit
M | schola *ab |* Unus] Uno *b,* autem *add. M₁R₁Sb | 536* hoc — dicere *om. M |* tibi hoc *O |* Tu] autem

add. M | bis] et B | multiplica ter] multiplicatur AR₁ | ter om. M | Tunc] et R₁ | in om. A | 537 numeri] numerum MM₁R₁, vel numeri supr. M₁¹, nostrum b | si me] sume W | addas O | exples A, complet M | Dicat — 538 potest] dic R₁ | 538 potest] vult M₁b | fuerunt — viam] obviaverunt pridem homini illi M | ambulanti] ambulaverunt B

SOLUTIO.

540   Tricies ter bini fiunt LXVI. Tanti erant, qui pridem obviaverunt ambulanti. Qui numerus bis ductus CXXXII reddit. Hos multiplica ter, fiunt CCCXCVI. Horum quarta pars XCVIIII sunt. Adde puerum respondentem, et reperies C.

539—542: ABMM₁OVWa, om. CM₂RR₁Sb

539 inscr. om. M, SOLVTIO DE HOMINE OBVIANTI SCOLARIIS B, AL' M₁ | 540 Tricies] Trigies B, Terties Aa | ter bini] terni O, corr. O¹ | ter om. W | fiunt] sunt W | LXVI] LXIIII A, CXVI W | pridem] primum M | 541 ductus] datus O | CXXXII] CXXII BW | multiplica ter] multiplicatos A, simul triplicat W | 542 repperies AW, invenies BMO | C] sine impedimento probationis add. M

543 (49) PROPOSITIO DE CARPENTARIIS.

    Septem carpentarii septenas rotas fecerunt. Dicat, qui vult, quot carra erexerunt.

---

543 sq.: ABM₁OR₁SVWab, om. CMM₂R

543 inscr. om. R₁SW | PROPOSITIO om. b | CARPENTARIIS] ROTIS BO | 544 carpentari A | vult] vul R₁, potest Aa | carras S, carrae Aa | erexerunt] fecerunt M₁b, rexerunt AOa

545 SOLUTIO.

    Duc septies VII, fiunt XLVIIII. Tot rotas fecerunt. XII vero quater ducti XL et VIII reddunt. Super XL et VIIII rotas XII carra sunt erecta, et una superfuit rota.

545—547: ABMM₁OVWa, om. CM₂RR₁Sb

545 inscr. om. M, SOLVTIO DE SEPTEM CARPENTARIIS B, AL' M₁ | 546 VII] VI A | XII — 547 rota] carpentarii. Qui per quatuor divisi, tot enim rotae faciunt carrum, reddunt duodecim carra remanente rota M | quater] equaliter W | XL et VIII] XL et VIIII O, XLVIII Ba | 547 et (1.) om. B | VIIII] VIII M₁, octo W, vel IX supr. M₁¹ | carre O | aerectae O

(50) ALIA PROPOSITIO.

    Centum metra vini, rogo, ut dicat, qui valet, quot sextarios capiunt, vel ipsa etiam 550 centum metra quot meros habent.

548—550: ABM₁OSVab, om. CMM₂RR₁W

548 inscr. om. AS, ITEM ALIA PROPOSITIO BM₁, De vino in vasculis b, Propositio de vino in vasculis a | 549 qui velit ut dicat S | valet B] velit M₁OSb, vult Aa | etiam ipsa M₁S | ipsa om. O | 550 meros] numeros B

551 SOLUTIO.

    Unum metrum capit sextarios XL et VIII. Duc centies XLVIII, fiunt IIII DCCC. Tot sextarii sunt. Similiter et unum metrum habet meros CCLXXXVIII. Duc centies CCLXXXVIII, fiunt XXVIII DCCC. Tot meri sunt.

551—554: ABM₁OVa, om. CMM₂RR₁SWb

551 inscr.] ITEM SOLVTIO B, AL' M₁ | 552 sectarios a | XL et VIII] XLVIII B, XLVIIII O | IIII] III M₁, vel IIII supr. M₁¹, quatuor A | DCCC] DCCCC B | 553 meros] metros B | CCLXXXVIII OM₁] CCLXXVIII B, CCLXXXVIIII Aa, vel IX supr. M₁¹ | 554 CCLXXXVIII BM₁O] CCLXXXVIIII Aa, vel IX supr. M₁¹ | XXXVIII DCCC O, XXVIIII milia DCCCC A, XXVIII DCCCC a | metri B | sunt meri a

555 (51) PROPOSITIO DE VINO IN VASCULIS A QUODAM PATRE DISTRIBUTO.

Quidam paterfamilias moriens dimisit IIII filiis suis IIII vascula vini. In primo vase erant modia XL, in secundo XXX, in tertio XX, et in quarto X. Qui vocans dispensatorem domus suae ait: Haec quattuor vascula cum vino intrinsecus manente divide inter quattuor filios meos, sic tamen, ut unicuique eorum aequalis sit portio tam in vino quam et in vasis. 560 Dicat, qui intelligit, quomodo dividendum est, ut omnes aequaliter ex hoc accipere possint.

555—560: ABMM₁OSVWab, om. CM₂RR₁

555 inscr. om. MSW, De patrefamilias distribuente *b* / VINO] VINI *Aa* / PATRE] PATRE FAMILIAS *B, om. M₁* / DISTRIBUTO] divisione *a, om. AO* / *556* divisit *M₁b,* vel m *supr. M₁¹* / suis *om. Aa* / *557* modii *M* / et *om. MM₁S* / *558* ait] inquit *M* / vasa *S* / manente *om. M₁b, supr. M₁¹* / divide] dividite *S,* dividantur *O* / inter] in *S, om. O* / *559* filiis meis *OS* / aequalis] aequa *O,* una *Aa* / in *(1.)]* et in *Ob,* de *M₁* / et *om. BSa* / *560* intellegit *ABM₁IV* / ut] quot *M₁, corr. M₁¹* / accipere possint] accipiant *M*

SOLUTIO.

In primo siquidem vasculo fuerunt modia XL, in secundo XXX, in tertio XX, in quarto X. Iunge igitur XL et XXX et XX et X, fiunt C. Tunc deinde centenarium idcirco numerum per quartam divide partem. Quarta namque pars centenarii XXV reperitur, qui numerus bis 565 ductus quinquagenarium de se reddit numerum. Eveniunt ergo unicuique filio in portione sua XXV modia, et inter duos L. In primo XL et in quarto sunt modii X. Hi iuncti faciunt L. Hoc dabis inter duos filios. Similiter iunge XXX et XX modios, qui fuerunt in secundo et tertio vasculo, et fiunt L, et hoc quoque similiter ut superius dabis inter duos, et habebunt singuli XXV modia, eritque id faciendo singulorum aequa filiorum divisio tam in vino 570 quam et in vasis.

561—570: ABMM₁OVWa, om. CM₂RR₁Sb

561 inscr. om. M, ITEM SOLVTIO *B,* AL' *M₁* / *562* quidem *W* / modii *BM* / XX] et *add. W* / *563* Igitur iunge *ABM₁* / igitur — X *(2.)]* simul *M* / fiunt] faciunt *M* / idcirco *om. B, del. M₁¹* / numerum idcirco *M* / *564* Quarta] Quartam *B* / namque *om. O* / repperitur *AOW,* reperiuntur *M₁,* repperiuntur *B* / *565* Evenit *O* / *565 sq.* portione sua] portionem vasa *M* / *566* modia] modii *O,* modios *W* / et *(2.) om. M* / sunt modii *om. M* / modii] modia *B,* alii *O* / Hii *BW* / faciunt] fiunt *M₁* / *567* filios *om. Aa* / modios *MO]* modia *ABa* / qui] quae *a* / *568* et *(1.)]* in *add. B* / vascula *a* / et *(2.) om. OW* / similiter] simul *M₁* / ut superius *om. O* / duos] filios *add. O,* fratres *add. M* / *569* modios *MM₁O* / id faciendo] infaciente *B,* id faciente *AOW,* ad facientes *M₁* / filiorum aequa *M* / divisio filiorum *O* / tam — *570* vasis] vini et vasorum *M*

(52) PROPOSITIO DE HOMINE PATREFAMILIAS.

Quidam paterfamilias iussit XC modia frumenti de una domo sua ad alteram deportari, quae distabat leuvas XXX, ea vero 575 ratione, ut uno camelo totum illud frumentum deportaretur in tribus subvectionibus et in unaquaque subvectione XXX modia portarentur, camelus vero in unaquaque leuva comedat modium unum. Dicat, qui 580 velit, quot modii residui fuissent.

Quidam paterfamilias habebat de una domo sua ad alteram domum leugas XXX et habens camelum, qui debebat in tribus subvectionibus ex una domo sua ad alteram de annona ferre modia XC, et in unaquaque leuga isdem camelus comedebat semper modium I. Dicat, qui valet, quot modia residua fuerunt.

571—580: recensio I (Quidam — fuissent): *ABMM₁¹OVWa, recensio II* (Quidam — fuerunt): *M₁R₁Sb, om. CM₂R*

recensio I: 571 inscr. om. MW / PROPOSITIO *om. A* / PATREFAMILIA *A,* PATRI FAMILIAS *O,* PATRIS FAMILIAS *B* / *572* modios *BM* / *573* alteram] domum suam *add. M* / *574* leugas *BM,* leucas *a* / vero *om. O* / *576* subiectionibus *M₁¹* / *577* et] ut *M* / subvectione — *578* unaquaque *om. O* / subiectione *M₁¹,* subvectionibus *B, corr. B¹* / modii *BM* / *578* deportarentur *BM* / vero] quoque *Aa* / *579* leuga

M, leuca *a* | comedit *ABMOW*, comedebat (*ante 578 in*) M_1^1 | Dicat — *580* fuisssent *om.* M_1^1 | Dicat —
580 velit] Dic *M* | *580* fuerunt *W*, sunt *M*
    recensio II: *571 inscr. om.* R_1S, De camelo *b*, PROPOSITIO DE CAMELO CVIVSDAM PATRIS
FAMILIAS. QVI IN III^{bus} SVBVECTIONIBVS FEREB̄ MOD̄ M_1 | *572* habuit *S* | *573* leuvas M_1, leugas
b | *574* debebat] habebat *S* | subiectionibus *b* | *576* ferre] fere *Sb* | unaquaeque *Sb* | *577* leuva M_1, leuca
b | camelis $R_1(?)S$ | *579* fuerint M_1b

SOLUTIO.

In prima subvectione portavit camelus modios XXX super leuvas XX et comedit in
unaquaque leuva modium unum, id est, modios XX comedit, et remanserunt X. In secunda
subvectione similiter deportavit modios XXX, et ex his comedit XX, et remanserunt X.
585 In tertia vero subvectione fecit similiter: Deportavit modios XXX, et ex his comedit XX, et
remanserunt decem. Sunt vero de his, qui remanserunt, modii XXX et de itinere leuvae X.
Quos XXX in quarta subvectione domum detulit, et ex his X in itinere comedit, et remanserunt de tota illa summa modia tantum XX.

    581—588: $ABMM_1OVWa$, *om.* CM_2RR_1Sb
    581 inscr. om. MM_1, SOLVTIO DE CAMELO *B* | *582* vectione *W* | portavit — *588* XX *om. O in
exemplari foliis quibusdam mutatis (cf. p. 17 notam 17)* | portabat M_1 | XXX modios *M* | leuvas] leugas *BM*,
leucas *a* | XX] X *a* | *583* unaqueque *W* | leuva] leuga *BM*, leuca *a* | unum modium *W* | unum —
comedit] qui simul sunt viginti *M* | unum *om. BM* | modios XX] XX modios *BW*, XII mod' M_1, vel XX
supr. M_1^1 | comedebat M_1 | *584* vectione *W* | *585* In — *586* decem *om. W* | vero *om.* BMM_1 | subporta-
tione *M* | fecit *om. M* | similiter] et *add.* BM_1 | *586* modia *Aa* | et — *587* XXX *om. B* | itinere] sunt *add.*
M | leugae *M*, leucae *a* | *587* detulit domum *M* | domum] donum *B* | *588* illa — tantum] summa modii
M | modii BMM_1W | XX tantum BM_1W

(53) PROPOSITIO DE HOMINE PATREFAMILIAS MONASTERII XII MONA-
590 CHORUM.

Quidam pater monasterii habuit XII monachos. Qui vocans dispensatorem domus suae
dedit illi ova CCIIII iussitque, ut singulis aequalem daret ex eis omnibus portionem.
Sic tamen iussit, ut inter V presbyteros daret ova LXXXV et inter quattuor diaconos
LXVIII et inter tres lectores LI. Dicat, rogo, qui valet, quot ova unicuique ipsorum in por-
595 tione evenerunt, ita ut in nullo nec superabundet numerus nec minuatur, sed omnes, ut
supra diximus, aequalem in omnibus accipiant portionem.

    589—596: $ABMM_1OSVWab$, *om.* CM_2RR_1
    589 inscr. om. MSW, De dispensatore in monasterio *b* | PROPOSITiO *om. A* | PATREFAMILIAS —
MONACHORUM] PATRIS FAMIL' MONAST̄ *B* | XII MONACHORUM *om.* M_1O | *591* habuit] et
add. S | vocans] convocans M_1b | *592* illi] illis *a* | iussitque] iussit *S* | daret *om. O* | eis] his *SW* | omni-
bus *om. a* | *593* iussit] ei *add. B* | presbiteros *S* | daret ova *om. O* | et — *594* LXVIII *om. A* | diacones
OW | *594* lectores] subdiaconos M_1, clericos *S*, *om. b* | rogo] ergo *BW* | valet] et *add. b* | portionem *Aa* |
595 venerunt *ABMa* | nec (1.) *om. M* | omnes — *596* portionem] omnibus aequaliter *M* | omnes] et omnes
B, omnis *a* | *596* equale *S* | omnibus] omni *a* | accipiat *Aa*

SOLUTIO.

Ducentos igitur quattuor per XII^{am} divide partem. Horum quippe pars XII^{a} in septima
decima resolvitur parte, quia sive duodecies XVII sive decies septies XII miseris, CCIIII
600 reperies. Sicut enim octogenarius quintus numerus septimum decimum quinquefarie de se
reddit numerum, ita sexagenarius octavus quadrifarie et quinquagesimus primus trifarie.

Iunge ergo V et IIII et III, fiunt XII. Isti sunt homines XII. Rursusque iunge LXXXV et LXVIII et LI, fiunt CCIIII. Haec sunt ova CCIIII. Veniunt ergo singulorum ex his in parte ova XVII per duodecimam partem septimum decimum numerum aequa lance divisum.

597—604: $ABMM_1OVWa$, *om.* CM_2RR_1Sb

597 *inscr. om.* M, AL' M_1, ITEM B / 598 partem divide *a*, divide partes W / Horum] orum O / 598 *sq.* septima decima] XVI M_1, vel XVII *supr.* M_1^1, septima O / 599 parte] partes M_1 / duodecies] XIIes. XIIes et VII M_1, XIIes *(2.) del.* M_1^1 / XVII] X et VI A, XVI W, decem et septem M / CIIII BMW, C et IIII M_1, CVII A / 600 repperies BMOW / quinquefarie] quinqueferiae O, quinari(a)e $ABMM_1W$, quinarium *a* / de se *post* numerum *(601) Aa, post* decimum O / 601 ita] et *add. a,* de *add.* A / sextagenarius O / quadrifacie M / trifacie M / 602 ergo *om. Aa* / Isti — XII *(2.) om.* O / LXXXV] LXXV A / et *(3.) om.* M / 603 LXVIII] LXVIIII W, LXXIII M_1, *om.* M / LI] L W / Venient O / singulorum] singulis B / ex] et M_1 / parte] partes *Aa,* partem M_1 / XVII] XIIII M_1 / 604 numerum *om.* AM_1a / aequa] aequo iure BM_1, (a)equa iure AW / divisum] dividi fiunt *Aa,* sine ulla falsitate regulariter divisum M

1. NAMENVERZEICHNIS

2. HANDSCHRIFTENVERZEICHNIS